N文库

Inagaki
Hidehiro

稻垣荣洋
科学散文集

就在身边的野草

[日]稻垣荣洋/著
[日]三上修/绘
刘冰夷/译

贵州出版集团
贵州人民出版社

图书在版编目（CIP）数据

就在身边的野草：稻垣荣洋科学散文集 /（日）稻垣荣洋著；（日）三上修绘；刘冰夷译. -- 贵阳：贵州人民出版社，2025. 1. --（N 文库）. -- ISBN 978-7-221-18799-4

Ⅰ. Q949.4-49

中国国家版本馆 CIP 数据核字第 2024J24W55 号

JIUZAI SHENBIAN DE YECAO (DAOYUANRONGYANG KEXUE SANWENJI)
就在身边的野草（稻垣荣洋科学散文集）
［日］稻垣荣洋 / 著
［日］三上修 / 绘
刘冰夷 / 译

选题策划　轻读文库　　出 版 人　朱文迅
责任编辑　唐　露　　特约编辑　靳佳奇

出　　版　贵州出版集团　贵州人民出版社
地　　址　贵州省贵阳市观山湖区会展东路 SOHO 办公区 A 座
发　　行　轻读文化传媒（北京）有限公司
印　　刷　天津联城印刷有限公司
版　　次　2025 年 1 月第 1 版
印　　次　2025 年 1 月第 1 次印刷
开　　本　730 毫米 × 940 毫米　1/32
印　　张　7.125
字　　数　272 千字
书　　号　ISBN 978-7-221-18799-4
定　　价　30.00 元

关注轻读

客服咨询

目录

前言——与人类共同生活的植物 1

水田中的野草 3

芹菜——药毒同源 5
稻槎菜——“花”小“鬼”大 9
碎米荠——农业的开始 13
看麦娘——水田中的麻雀大战 18
莲华——两全其美 22
鸭舌草——浪漫古今 26
疣草——入侵者是谁 30
野慈姑——嚣张的叶子 34
荩草——黄色魔术 38

田埂中的野草 43

鼠麴草——母与子的节日 45
细叶鼠麴草——不如母子 49
荠菜——冬去春又来 53
薤白——谢绝入庙 57
魁蒿——在干燥的风中起舞 61
救荒野豌豆——“乌鸦”和“麻雀”谁更聪明 64
圆叶苦荬菜——于花田中哭泣 68
酸模——男女间的恋爱游戏 71
蒲公英——谁是坏人 74
中日老鹳草——源平的代理战争 77
天胡荽——地上的小伙伴 80
匍伏筋骨草——自地狱重返人间 84
通泉草——花朵深处的隐秘之事 88
白茅——喜欢胖胖的你 92
光千屈菜——迎接祖先的田中小花 96

水边的野草——101
皱果薹草——科学技术无法匹敌 103
丘角菱——忍者手中握 109
灯心草——点亮大和的心之火 113
水蓼——萝卜青菜各有所爱 117
薏苡——美丽泪珠为何流 121

杂木林中的野草——125
蜂斗菜——可爱的春之使者 127
辽宁侧金盏花——于严寒中得春 131
猪牙花——短暂生命的真相 135
日本百合——日落时分美更胜 139
大花杓兰——平家物语的结局 143
萝藦——传说中的神奇果实 147
王瓜——藤蔓的尽头是何物 151
日本莨菪——“鬼见草” 155
乌头——孕育丑恶的美丽花朵 159

草地中的野草 —— 163
卷丹——“鬼”的智慧 165
大蓟——救国英雄 169
咬人荨麻——莫烦躁 172
博落回——运动会上的咒语 176
虎杖——在全世界“大显身手” 180
桔梗——被剥夺的季节感 184
长萼瞿麦——大和抚子今何在 188
地榆——寂寥秋景 192
锐齿马兰——像新娘一样美丽 195
芒草——比稻草更珍贵 199
野菰——热烈的单相思 203
拉拉藤——不靠自己也能成功 206

后记 —— 211

文库版后记 —— 215

前言——与人类共同生活的植物

我们常说："眼前一片绿色。"

在某个绿意盎然的乡村，我邂逅了一位坐在田野中的老妇人。令人吃惊的是，她熟知田间每一种花草的名字。经她提点我才意识到，这条细长狭窄的小道中竟生长着50种以上的植物。不仅如此，这位老妇人连每一种植物的特征，甚至发芽与开花的时间都一清二楚。想必在她的眼中，满目苍翠的田间小道也是一个花草繁茂、自然丰盈的地方吧！

植物的名字是很难记的。花朵美艳动人的园艺植物暂且不论，田间野生植物的外表竟十分相似，让人难以区分。

我偶遇的老妇人既不是植物学者也不是园艺师，但却熟悉每一种植物的名字。她坐在田野中不是为了除草，而是在挑选可食用的野菜。若想正确辨别不同的花草，就必须对它们了如指掌。对这位老妇人来说，这是再平常不过的事了。

在食用之外，人类的祖先还在生活中以各种各样的方式利用植物。植物的用途非常广泛，有些是用来吃的，有些则是用来入药的；有些植物能够提取色素用来染色，有些则能抽出纤维用以编织衣物、斗笠与绳子。

外表相似的植物可以有不同的用途。不管彼此的外表多么相似，能吃的野菜和不能吃的野菜都有着云泥之别，药草和毒草也有着天壤之别。

令人感到意外的是，据说，比起荒无人烟的深山幽谷，有人居住的村落中自然植物的种类要更加丰富。这是因为，一方面，在大自然中只有竞争能力强大的植物才能生存，大多数弱小的植物是无法存活的；另一方面，人们在村落中从事的耕作与割草等农耕活动与大自然的生长背道而驰，但这恰巧阻止了强大植物的肆意蔓延，为弱小植物创造了生存空间。因此，很多植物都把人类的村落当作栖息地。同时，人们也会在村落中栽培植物并以半自然状态对其进行管理，以充分利用植物的价值。如此一来，人们便创造出了花草繁茂的美丽乡土风景。在日本明治时代，正是这样的乡土风光让到访的欧美友人惊叹道："日本全国就像庭院一样美丽。"

然而，作为点缀着乡村的植物如今正处于危机之中。在当今的日本，约有一半的濒危植物都生活在乡村。

过去，植物和人类在保持平衡的同时谋求共存。但如今，人类对自然的过多干预使得植物失去了栖息之所。而且，人类村落对自然环境的外部影响也在不断减少，许多依赖乡村环境的弱小植物再次被强大植物夺去了生存空间。

本书将向您介绍与人类一同生活在乡村中的植物。若读完本书后，满目绿意的日本乡土景色能够在您的脑海中再次熠熠生辉，那么笔者将感到无比喜悦。

2010年3月

稻垣荣洋

水田中的野草

水田为植物营造了水流缓慢而舒适的生存空间。但同时，水田也是为了种植水稻而开辟出的人工场所。人们在春天耕作的时候用水灌溉水田，向田里喷洒除草剂，用来清除杂草，再在收割的时候突然将田中的水抽干。能够适应这种剧烈季节性环境变化并得以生存的植物被称作“水田中的野草”。

芹菜

芹 伞形科　　　　药毒同源

“芹菜、荠菜、御形、繁缕、佛之座……”

作为日本和歌《春之七草》中提到的第一种植物，芹菜以其独特的香味在“春之七草”中占有一席之地。

据说，芹菜能够在相互竞争的环境中茁壮成长，因此人们为其取了与“竞”同音的“芹”这个名字[1]。此外，由于芹菜必须借助刀等工具，难以像其他野草一样被徒手采摘，因此“芹”的汉字才会是草字头与“斤”字结合在一起的模样。

芹菜的根茎一根连着一根，繁殖迅速，是令人头疼的田中杂草；但同时，芹菜自古以来就是重要的食物。除去野生种外，芹菜还有历史悠久的水田栽培种。在过去，芹菜是重要的维生素来源，尤其是在缺乏绿色蔬菜的冬季。日本平安时代就出现了有关芹菜栽培方法的记载，这足以体现芹菜历史的悠久[2]。

如今，芹菜作为一种香味独特的蔬菜，料理方法

---

1 日语中“竞争”一词可以写为「競り」。该词和芹菜在日语中的称呼「セリ」发音相同。——译者注（以下注释若无特殊说明，均为译者注）

2 平安时代承和五年（838年）的《续日本后纪》（続日本後記）中有对“京野菜”芹菜的相关记载。

十分多样，火锅、天妇罗和浸物[3]等料理中均会使用。芹菜是秋田名菜“米棒火锅”[4]的重要配料，同时被视作传统的“京野菜”[5]之一。由此可见，芹菜在作为田中杂草遭人唾弃的同时，也是一种十分优质的食材。如果在种植芹菜的水田里意外长出了水稻，那么被拔掉的肯定是水稻。

芹菜可根据生长环境的不同分为两种：生长在水中的水芹与生长在田地里的旱芹。生长环境是这两种芹菜唯一的不同之处，但旱芹被认为具有更加浓郁的独特风味。

芹菜也是一种自古就为人们所熟知的药材，有缓解神经痛、降血压等功效。同时，芹菜独特的香气还可以改善胃功能、增加食欲。日本人在过年时，加入了芹菜的七草粥对缓解肠胃疲劳来说是个不错的选择。

毒芹是一种与芹菜非常相似的植物。毒芹顾名思义是有毒的。可怕的毒芹与乌头、马桑果并称为日本三大毒草。

3　“浸物”是一种日本传统料理。料理方式为将用热水焯熟的青菜浸泡在特制的汤汁中，并配上酱油与木鱼花等食用。

4　米棒火锅，日文名为「きりたんぽ鍋」，是日本秋田县的传统火锅料理，主要食材为鸡肉、烤脆的白米饭，以及芹菜、山菜、菇类等蔬菜。

5　即日本京都市生产的蔬菜，常用来制作京都地方菜——“京料理”。

毒芹生长在沼泽和湿地，不像芹菜那样生长在田地周围。毒芹与芹菜的外表也不难区分：毒芹植株高大，可达一米，根茎圆而粗，没有香味。比起当作芹菜，将毒芹误作野生山葵食用的人更多。

早春时节的毒芹尚未发芽。但到了芹菜长出根茎的五月，毒芹也开始抽出嫩芽，这时的毒芹在外形上与芹菜非常相似。因此，俗语“五月的芹菜不能吃”，是在劝诫人们不要在五月采摘芹菜，以免不小心采到毒芹。

但是，“毒芹”这个名字其实并不恰当。

毒芹中的有毒成分和芹菜中的药用成分最初都是植物为了抵御病虫害和动物袭击而存在的。植物中的一些成分对人体有毒，一些成分则有着刺激人体、激活人体机能、促进新陈代谢、利尿排汗和改善血液循环等作用。具有这些药用特性的药草广受人们喜爱。

无论是具有药用价值的芹菜也好，具有毒性的毒芹也罢，都只是为了自保而产生化学成分，但人们对待它们的态度却完全相反。

如此相似的两种植物，究竟是被视作毒草，还是被视作珍贵的药草，这之间仅有微妙的差别。或许，这就是所谓的“药毒同源”吧。

稻槎菜

小鬼田平子 菊科　　　　“花”小“鬼”大

众人皆知“比较”无益，但仍会在无意识间重复这一行为。

当孩子努力作画却仍不如其他孩子画得好时，家长可能会责问道：“为什么你就是画不好呢？”努力攒钱买到了心仪的车子，却看到熟人开着更高级的轿车，挫败之感会油然而生。人们往往会对他人的幸福感到羡慕，而对他人的不幸如释重负。其实，不论是孩子努力作画，还是拿下心仪已久的汽车都足以令人快乐，但人们却总是通过与他人对比的方式来衡量自身的幸福感。

然而，单纯的比较永远不会产生令人满意的结果，稻槎菜就沦为比较的牺牲品。

“芹菜、荠菜、御形、繁缕、佛之座、芜菁、白萝卜，这就是七草。”

在活跃于南北朝时代[6]至室町时代的诗人四辻善

6　此处指日本历史上的“南北朝时代”，时间大致为1336年至1392年。此时的日本同时存在南、北两个天皇，相互对立，故称“南北朝时代”。

成[7]的和歌《春之七草》中，被称为“佛之座”的植物就是稻槎菜。植物图鉴中的佛之座通常指唇形科的宝盖草，但《春之七草》中的“佛之座”指的却是菊科的稻槎菜。

唇形科的宝盖草在春天会开出紫色的花朵，其因根茎周围的叶子酷似佛祖所坐的莲花宝座而得名“佛之座”；另一方面，菊科的稻槎菜开出的是蒲公英那样的黄色小花，叶子也像莲花宝座一样在地面蔓延伸展，因此也有“佛之座”之称。这种莲座状叶丛能够伸展开来紧贴地面，既可遮挡寒风，也便于进行光合作用，有利于越冬。

春之七草中要数稻槎菜最难获取。稻槎菜偏爱潮湿的环境，而如今的排水设施日益完善，水田即便在冬天也能保持干燥。因此，适宜稻槎菜生长的区域也日渐稀少。

在熬制七草粥时，有人误用同为“佛之座”的宝盖草。但宝盖草有唇形科植物特有的刺鼻气味，味道和稻槎菜完全不同。

那么，为什么稻槎菜在被称作“佛之座”的同时

7　四辻善成（よつつじ よしなり），南北朝时代至室町时代前期的贵族、学者、歌人，顺德天皇的曾孙，曾任左大臣一职，故原文称其为“四辻善成左大臣”。四辻善成在室町时代创作的《源氏物语》注释书《河海抄》（かかいしょう）的第十三卷中对七种春草有所提及，故有说法认为其是和歌《春之七草》的作者。

也有“小鬼田平子”这样一个冗长而可怖的外号呢?

其实，稻槎菜最初被称为“田平子”，这个名字给人一种娇小可爱的印象，很适合在阳光下舒枝展叶、含苞待放的稻槎菜。

在水田周围的原野还生长着一种和稻槎菜外表相似、体形却更加高大的植物——黄鹌菜。黄鹌菜花朵虽小，茎却比稻槎菜魁梧得多，似有“赛鬼神”的气度，因此被人称为“鬼田平子”。但这种花朵本身不仅称不上可怕，反倒是我见犹怜。

体形硕大的黄鹌菜随处可见，相比之下，安居于水田一角的稻槎菜要低调得多。因此不知从何时开始，人们将稻槎菜视为一种体形娇小的黄鹌菜并将其称为“小鬼田平子”。

与稻槎菜相比，像鬼一样高大的黄鹌菜就成了“鬼田平子”；而与黄鹌菜相比，娇小的稻槎菜又成了“小鬼田平子”。明明是完全不同的两种植物，人们却非要拿来比较，无辜的野花就这样沦落成了鬼怪之身。

不论是原野中的“鬼田平子”，还是水田中的“小鬼田平子”，都有着明艳动人的独特魅力，绝不是能胡乱加以比较的物件。

碎米荠

浸种花 十字花科　　　农业的开始

春天，当积雪开始融化时，山上的残雪会形成名为“雪形”的独特形状。长期以来，人们一直通过雪形来判断耕种开始的时间。雪形常被人们看作农夫、鸟或锄头等形状。例如，日语中的“白马”一词便是由耙地时节形似白马的残雪而来的[8]。

在一些地区，花期也有提示农时的作用，例如，人们熟知的樱花。

提到樱花，我们一般会想到著名的“染井吉野”和“山樱花”，但樱花的品种远不止于此。在日本的东北地区[9]，木兰和木节就被称为“翻田樱”或“播种樱”。据说，樱花（さくら）的名字来源于稻田之神的名字（さ）与其居所（くら），有“神之居处”的含义[10]。樱花正是因其在翻田与播种季节盛开的特性而被赋予了这样的名字。只是不知从何时起，曾经的“神之居处”演变成了现在的“樱花”。

8　日语中“耙地”一词为「代搔き」（しろかき），“白马”一词为「白馬」（しろうま）。「白馬」最初的写法「代うま」便是来源于“耙地”一词。

9　日本的东北地区（東北地方）位于本州东北部，包括青森县、岩手县、秋田县、山形县、宫城县、福岛县等区域。

10　在日本，樱花被认为是稻田之神所寄宿的树木，能够为人们带来丰收。

总之，过去的人们并不依赖日历，而是从山野中的残雪和野花的花期等大自然活动中感知季节的。

根据自然现象来判断季节似乎并不可靠。但是不妨想想看，不论是较为暖和的年份还是有些寒冷的年份，人们总是在一年中的固定时节更换衣物，这种人为的判断难道不是更加不合理吗？相反，如果通过观察残雪与花开等自然现象，那么不论在什么样的年头都可以配合气候进行最合适的农耕活动。

古人对季节的判断与理解不容小觑。

我们现在使用的阳历是基于地球围绕太阳运行的周期制定而成的。江户时代之前使用的是以月相为基础的阴历，一年只有354天，且每三年一次的闰月会让当年的月份变为13个月。这样一来，同一月的同一天在不同年份中也可能处于不同时期。因此，古人不依靠日历，而是以山上的残雪和花草的盛开作为农季开始的标志。

农业生产的首要任务是用水浸泡水稻种子，这样做可以让种子吸收水分，去除种皮中的发芽抑制物质。

每当这个时节，碎米荠会在稻田周围绽放白色的花朵。

碎米荠是十字花科植物，长着与荠菜花相似的白色花朵。二者的区别在于，荠菜花的果实呈三角形，碎米荠的果实则呈细长形。碎米荠的果实在成熟后会

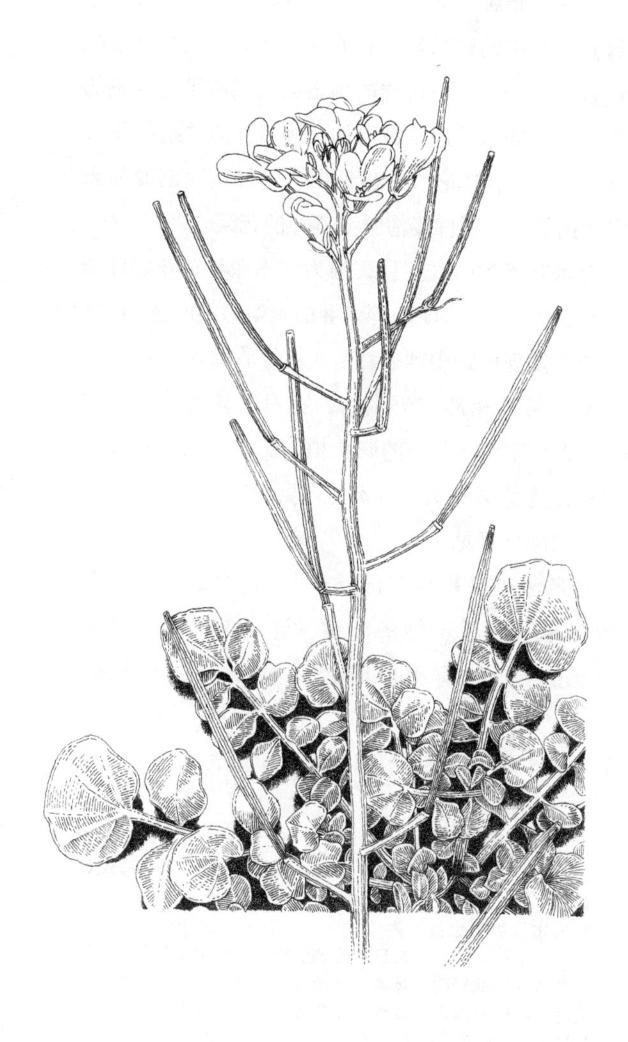

剧烈翻转，将种子散落到地上。在除草时，如果不小心碰到草丛中的碎米荠，它的种子就会发出噼里啪啦的声音，四处飞散。这样的场景给人们留下了深刻的印象，因此碎米荠通常被看作一种多籽的“结籽花”。但实际上，“结籽花”最初是由“浸籽花”演变而来的[11]，指的是在稻种浸泡时节盛开的花朵。

碎米荠不太引人注目，因为它不像荠菜花那样能够用来做游戏[12]。但是，碎米荠的繁殖力很旺盛，仔细观察便会发现田野中到处都是成簇绽放的碎米荠。

水芥菜长相形似碎米荠，在日本被称为“荷兰芥”，是一种来自欧洲的归化植物。水芥菜最初在明治时代作为蔬菜被引入日本并得到栽培。如今，野生的水芥菜随处可见。

碎米荠也被称为“田芥子”，这是因为其叶子咀嚼起来有一股辛辣的味道。碎米荠的英文名称“bittercress”也有类似的含义：“cress”为芥菜，“bittercress”为“苦芥菜”。顺便提一下，水芥菜的英文名称“watercress”同样来源于芥菜。

11　在日语中，碎米荠的名字「タネツケバナ」有两种汉字写法，即“结籽花”（種付け花）与“浸籽花”（種浸け花）。二者发音相同、写法相近，故易被混淆。

12　在日本，荠菜也被称为「ペンペン草」，音译近似“啵啵草”。「ペンペン」指日本传统乐器三味线发出的声音。以特定方式对采集到的荠菜花进行处理并转动，便能够发出与三味线相似的声音，故荠菜花在日本常被用来进行游戏，具体见本书“荠菜”一节。类似的玩法在中国也有。

芥菜可以食用，同理，被称为苦芥菜的碎米荠也能够食用。碎米荠的茎与叶可以用来制作沙拉和日本料理，有着不输水芥菜的美味。

“伊予松山、名胜名物”“高井村落的日本碎米荠”，这是日本民谣《伊予节》中的歌词。在民谣中作为松山特产被传唱的日本碎米荠[13]是碎米荠家族的一员，自古以来就被用作刺身的佐料。

碎米荠味道辛辣，无法用来熬制清淡的七草粥，但它的味道却被追求刺激口感的现代人所喜爱。如果室町时代的人们也喜食调味料的话，想必四辻左大臣一定会将碎米荠也纳入七草之列。

13　原文此处的植物名称为「オオバタネツケバナ」，日文汉字写法为「大葉種付花」。该植物在汉语中无明确对应称呼，故此处按英文名称“Japanese bittercress”译为“日本碎米荠”。

看麦娘

麻雀的火枪 禾本科　　　　水田中的麻雀大战

在春天的水田中，被称为“麻雀的火枪”的看麦娘随风摇曳。

不过，比起正式名称“看麦娘”，还是“哔哔草”这个外号更耳熟能详。把看麦娘的穗拔掉，将露出的叶鞘放到嘴边吹的话，就会发出像哨子一样的“哔——哔——”声，这就是看麦娘被称为“哔哔草”的原因。

如果仔细观察看麦娘的叶片基部，就会看到一层又薄又长的膜，这层薄膜被称为“叶舌”。当气流经过叶鞘时，叶舌会振动并发出声音，这与单簧管等簧片乐器发声的原理完全相同。看麦娘神奇的构造令人惊奇，但更令人惊奇的是，孩子们在花花草草中发现并“演奏”看麦娘的慧眼。

日语中，“看麦娘”的名字可以直译为“麻雀的火枪”。看麦娘的圆柱形穗精致小巧，就像一把能被麻雀抱在怀里的火枪。除此之外，看麦娘还被称作“麻雀的枕头”“麻雀的矛”等，这些外号都与麻雀相关。

稻田中不光有看麦娘，还长着成群的早熟禾。与“麻雀的火枪”类似，早熟禾被称为“麻雀的帷子”。

“帷子”一词让人联想到忍者的连环甲[14]，听罢仿佛眼前浮现出了忍者军团对抗火枪队的宏伟场景。但帷子其实只是一种单层和服。在日本人看来，早熟禾穗上结的小果实就如麻雀的和服一般精致小巧。

看麦娘和早熟禾被认为是史前归化植物，随着水稻传入日本。据说，看麦娘起源于温暖地区，早熟禾则起源于更加凉爽的地区。也许正是因为这个原因，温暖地区的水田里往往生长着看麦娘，而稍凉爽地区的水田里则常有成群的早熟禾。看麦娘和早熟禾就像这样争夺着稻田的控制权。

看麦娘和早熟禾不仅生长在水田里，也生长在田野、荒地等地，但水田品种的种子比其他品种的更大。

人们在夏季灌溉水田并种植水稻，因此以春季为主要生长期的看麦娘和早熟禾必须在秋收后萌芽、熬过冬季、在春季到来与夏季灌溉之间成长，并留下种子。种子之所以长得大，便是为了在发芽后能够迅速生长。

如果种子越大生长越快，那么在水田外生长的看麦娘和早熟禾的种子也应该尽可能往大了长，但事实并非如此简单。

14　日语中“帷子”一词为「帷子」（かたびら），“连环甲”一词为「鎖帷子」（くさりかたびら），二者发音中有相同的部分，故易引发联想。

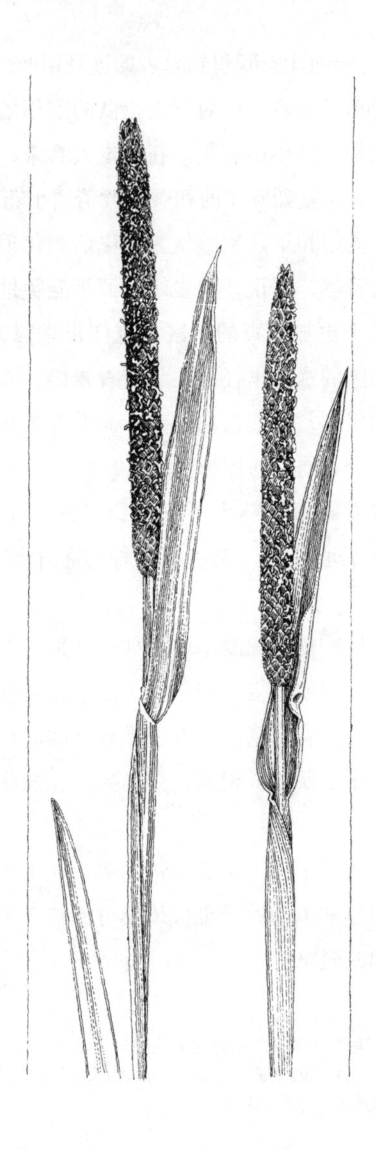

如果增大种子，能生产的种子数量就会变少。与时常除草的旱田和荒地相比，水田的环境更加稳定，种子的存活率更高，因此水田中的种子有减少数量、增大个头的天然条件。

话虽如此，人类为种植水稻而开辟的水田是一种特殊的人工环境，能在其中生长的植物十分有限。

有一种植物虽然无法适应水田，却能在水田周围的田间小道生长，它就是灯心草科的地杨梅。与“麻雀的火枪”或“麻雀的帷子”相对应，地杨梅是“麻雀的矛”，这是因为地杨梅茎尖上的圆形花头长得很像大名行列中的毛枪[15]。这样一来,随着“火枪队”和“忍者军团”的到来，“长枪队”也紧随其后，就这样登场了。

地杨梅在田径的高处观赏着“火枪队”与“忍者军团”的地盘争夺战。

---

15 “大名”是日本古代对封建领主的称呼。日本历史上不同时期对“大名”的定义各有不同，此处指的应当是江户时代各藩国的统治者大名。江户幕府为控制各大名，制定了名为“参勤交代”的制度，即大名需要在江户和自己的领地每隔一年交替居住。大名和随从们在参勤交代的过程中列队往返于江户与领地之间，即“大名行列”。大名行列队伍中的随从职责各不相同，其中有专门负责持“毛枪”（毛槍）者。毛枪为一种冠部用兽毛装饰的长枪，是大名行列的象征与威严的体现。

莲华[16]

紫云英 豆科　　　　两全其美

在春季水田中绽放的莲华毯是旧时日本的乡野之景。

莲华，即紫云英，原本是在水田里栽培的植物。秋天收割前撒在田里的紫云英种子在稻株下面发出小小的嫩芽。秋收后，紫云英在水田里生长、过冬，并在春天绽放花朵。但是，开花的紫云英并不会被人们采集，而是随着耕田被翻进土中。

在水田里种植紫云英不是为了观赏或摘取种子，而是为了让它成为泥土的养料。但随着近年来化学肥料的使用，种植紫云英的水田数量明显减少了。

绿油油的紫云英其实有独特的优点，其根部长着很多白色小疙瘩，这些小疙瘩被称作“根瘤”，内部长着一种叫作根瘤菌的细菌。

根瘤菌能够吸收大气中的氮作为养分。由于根瘤菌的存在，紫云英即便是在含氮量低的土地上也能靠吸收空气中的氮来生长。因此，只要耕地时将紫云英翻进地里，就可以将其体内的氮成分供给给土壤，从

16　此处原文为「レンゲ」（蓮華），是日语中对紫云英的别称。此处按日文汉字写法译为“莲华”，但并非指我国常见的莲花。莲花为莲科莲属，紫云英为豆科黄芪属，二者是不同的植物。

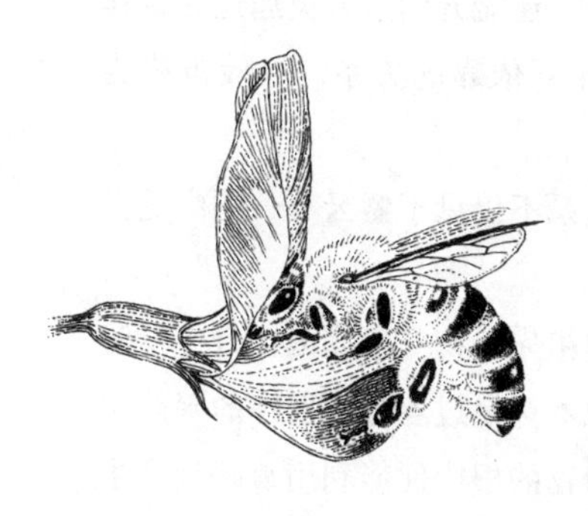

而使田地更加肥沃。

另一方面，作为提供氮的报答，根瘤菌不仅能够得到紫云英根部的保护，还能分到紫云英通过光合作用产生的养分。这种相互依靠的关系，一般被称为“共生”。

与根瘤菌的共生关系不仅见于紫云英，还广泛见于其他豆科植物。

但是，豆科植物的祖先最初与根瘤菌“合作”时却并不顺利。根瘤菌原本只是过着分解落叶的平静生活，一旦其进入豆科植物的根中便能利用氧呼吸产生的能量进行氮的固定。换句话说，为了实现固氮，根瘤菌必须进行氧呼吸。然而，讽刺的是，固定氮所需的酶一旦遇氧就会失去活性，所以需要在快速输送用于呼吸的氧分子时迅速除去多余的氧，稳定固氮。为了解决这个问题，豆科植物产生了一种能够有效输送氧气的物质——豆血红蛋白。

人类的血红蛋白存在于血液中的红细胞中，主要负责从肺部向身体各部输送氧气。豆科植物携带的豆血红蛋白是一种与血红蛋白非常相似的物质。

如果把紫云英等豆科植物的新鲜根部切断，断面会像流血一样渗出浅红色的液体，这就是被称为“豆科植物的血液”的豆血红蛋白。多亏这种“血的代价”，豆科植物实现了与根瘤菌的完美共生。

共生关系并不只见于紫云英的根部，也见于紫云英的花朵与蜜蜂之间。

紫云英的每一片花瓣都像一朵小花，一朵朵小花聚集在一起便形成了一朵大的紫云英。小花的花瓣上下分开，用手指轻轻拨开下面的花瓣，隐藏在花瓣下的雄蕊和雌蕊便会映入眼帘。

蜜蜂会用蜂足按压下面的花瓣从而钻入花朵取蜜，在这一过程中，从花瓣中露出的雄蕊和雌蕊会在蜜蜂身上沾满花粉。

蜜蜂同时拥有向下按压花瓣的力量与理解花朵内部构造的智慧，因此能够成功采蜜。其他昆虫都被紫云英紧闭的花瓣“盖子”拒之门外，只有能够帮忙传粉的蜜蜂被允许进入其中。

在掌握复杂的采蜜方法后，蜜蜂会通过增加采蜜次数的方式来进一步独占紫云英的花蜜。这样的做法也加快了授粉的速度，对紫云英来说是一件两全其美的好事。

就这样，紫云英与伙伴们相互扶持着共度每一天。宁静祥和的春日美景之下到处是大自然的丰饶与智慧。

鸭舌草

子水葱 雨久花科　　　浪漫古今

《万叶集》里有这样一首歌：

“秧田水葱，夹叠衣中；温顺随色染，爱怜一何增。”

歌中的“水葱”指的是鸭舌草。每逢秋天，水田中的鸭舌草便会绽放出美丽的紫色花朵。过去，人们会用鸭舌草的花汁为布染色，就像这首为女性而作的恋歌中唱的那样“那件用鸭舌草的花汁染成的衣服，穿惯后就越发感到喜爱，我爱你好似爱这件衣服”。

此外，《万叶集》中还有这样一首歌：

“上野伊香保，沼栽水葱；如此恋苦，却在求种？”

这是一首吟诵悲切恋慕之情的歌曲，“等待栽下的柳树长大是如此难熬，以至于后悔最初不该播种；如果早知恋慕是如此痛苦的话，还不如从一开始就不要坠入恋河”。

话虽如此，如此浪漫的花朵真的会出现在水田中吗？

实际上，被《万叶集》用优美歌词描绘的鸭舌草不仅是一种常见植物，也是最难处理的水田杂草。

鸭舌草虽然身材矮小，但会大量吸收水田中的肥料，妨碍水稻的生长。令人更加头疼的是，肥料养分丰富的现代水田对旁若无人的鸭舌草来说正合心意。

虽然鸭舌草只会在稻株的阴影下悄悄绽放，但仔细观察便会发现其紫色花瓣和黄色雄蕊所带来的反差美与高贵感，也难怪《万叶集》的作者会被这种小花撩拨了心弦。

植物开花是为了吸引昆虫来运输花粉。然而，鸭舌草作为能够自花授粉并产生后代的自花传粉植物，并不需要用它美丽的花朵来引诱昆虫。

鸭舌草的授粉方法很巧妙。鸭舌草开花时，雄蕊能够自然地碰触到雌蕊，所以不依赖昆虫也能完成授粉。

不仅如此，在花开期间呈现分离状态的雄蕊和雌蕊会在花朵闭合时再次聚拢到一起。而且，这次换雌蕊扭动着去主动碰触雄蕊，如此一来，雄蕊便能附着在雌蕊无花粉的部位上。

以一己之力留下种子的特性对杂草而言再适合不过，这种顽强的生命力正是鸭舌草能够在水田中生存的主要原因。

不过令人略感疑惑的是，生命力如此旺盛的鸭舌草为何很少出现在水田之外的地方呢？

水田是为种植水稻而人为创造出的特殊环境。种种迹象表明，鸭舌草已经适应了这种环境，例如，当灌溉或耙田时，鸭舌草会感知到氧气的减少并开始发芽。鸭舌草也能捕捉稻壳和秧苗中渗出的物质，并借

其来加速自身的发芽。不论是扰动土壤还是稻苗生长，似乎都不利于其他植物的生存，但鸭舌草却恰恰喜欢这种环境。

此消彼长，作为进化的代价，鸭舌草也失去了在其他地方生存的能力。

在日本，鸭舌草被看作一种与水稻同时传入的史前归化植物。当日本人最初种植水稻时，鸭舌草就已经在稻田中“不请自来”了。千百年来，从未改变。

虽然现在的人们把鸭舌草当作惹人厌的杂草，但古人却将其用作染料。不仅如此，古人还曾将鸭舌草称作“子葱”，并当作蔬菜栽培。在《万叶集》的一首诗中，鸭舌草就被写作“子水葱”。古人感知大自然的能力是如此神奇，竟能从这样一株小小的杂草中发现价值、创作恋歌、制作染料、栽培种植，着实令人惊叹。

鸭舌草究竟是从何时开始失去价值的呢？人们又是从何时起失去了对大自然的感知能力呢？不论这段过往的变迁是否被世人知晓，时光荏苒，鸭舌草从未改变，至今仍在水田中傲然而立。

疣草

疣草 鸭跖草科　　　　入侵者是谁

在日本，男性夜里偷偷潜入女性住处这一行为被称作“夜访”[17]。

夜访的习俗在过去的农村中很常见。最初，这种意味着“通婚”的习俗流行于农村男女之间，是一种约定俗成的婚姻形式。然而，重视西方道德的明治政府出于规范公共道德法规的目的禁止了这一习俗，此后“夜访”便有了不洁的色彩。

水田中有一种与这种习俗同名的杂草——“夜访草”。这种杂草扎根于田埂中，茎向两边伸展并于水田深处匍匐生长，故得名“夜访草”。

正因夜访草这种独特的、将根系隐藏于阡陌交通之中的生长方式，致使仅在田地中喷洒除草剂无法将其根除，这正可谓夜访草的棘手之处。

疣草作为一种典型的夜访草，也有大致相同的生长特性。但相较于其他夜访草，疣草分节式的根茎能更好地在水田中占据立足之地。

和疣猪、癞蛤蟆等身上有疣的动物不同，疣草并非因外形而得名。疣草的名字其实是从“祛疣草”演变而来的，因为其汁水有治疗疣病的功效。能够治疗

17　“夜访”（夜這い）指日本古代农村中存在的一种婚姻制度。国内也见“夜爬”“夜拜”等叫法。

疣的草药还有很多，例如，无花果的叶子、薏仁和水蜡树等。虽然包括疣草在内，这些草药的药效尚未得到科学论证，但既然“疣草”名声在外，那么想必是有一定道理的。

尽管被冠以“夜访草”和“祛疣草”等不太雅致的名字，但疣草的浅紫色花朵却十分娇艳动人。疣草看上去就像另一种鸭跖草科园艺种——紫露草的缩小版，每当浅紫色的花朵铺满休耕田野，这样的景象简直是美不胜收！

疣草虽是鸭跖草科植物，但花朵结构却与鸭跖草有所不同。

鸭跖草的花朵有着相当复杂的形状。它的花瓣总共有三片，其中有两片像耳朵一样大大地张开，尤其显眼；此外，蓝色的花瓣与黄色的雄蕊也十分艳丽。鸭跖草用美丽的花朵将马蝇等昆虫吸引过来，并用前端突出的两根雄蕊将花粉沾到昆虫身上。鸭跖草总共有六根雄蕊，其中四根是不生产花粉却能吸引昆虫的诱饵雄蕊，另外两根是生产花粉的长雄蕊。六根雄蕊扮演着不同的角色。

相比之下，疣草花朵的构造要更简单。疣草同样有三片花瓣，但花瓣呈现出更加均匀而美观的三角形状。

疣草的花朵和鸭跖草一样，有长短不一的数根雄蕊。三根短雄蕊的色泽与花瓣类似，甚少产生花粉，负责与花瓣一同吸引昆虫。另外三根突出的蓝色长雄蕊则负责将花粉附着在昆虫身上。尽管花朵的构造有所不同，但疣草利用诱饵雄蕊吸引昆虫的策略却与鸭跖草完全相同。

鸭跖草的蓝色花朵一直为人们所喜爱，但很少有人会注意到疣草的浅紫色花朵。然而，不管人们垂怜与否，疣草始终在水田中绽放着不输鸭跖草的美丽花朵。

野慈姑

泽泻 泽泻科　　　　嚣张的叶子

《枕草子》中写道："泽泻就连名字都好玩，大概是头举得很高，像是很傲慢的样子吧。"在作者看来，"泽泻"，即野慈姑，让人有一种傲慢而有趣的感觉。

被清少纳言冠以自负之名的野慈姑是一种典型的水田杂草。

"野慈姑"这个名字的原意是"面高"[18]，即昂着头。野慈姑高高伸出水面的叶子看上去就像一张高昂的脸，因此人们以此来命名它。

在水田中惹人厌烦的杂草野慈姑也是深受日本人喜爱的家徽图案。在日本，野慈姑与猎鹰翅膀、橘子、橡树、紫藤、蘘荷、梧桐、爬山虎、木瓜和酢浆草一样，是最受欢迎的十大家徽之一，带有野慈姑图案的家徽多达80余种。

因为野慈姑的名字与"体面"有关，加上叶子的形状像箭头或盾牌等武器，所以也被称为"胜利草"，受到武士家族的青睐。

人们还通过改良培育出了野慈姑的变种——茨菰，一种过年时常吃的蔬菜。

深埋于泥土中的野慈姑和茨菰会长出长长的嫩

18　野慈姑的日语发音与"面高"的日语发音相同，均为「おもだか」。

芽。据说，从这些长芽上还能长出新的嫩芽。人们将这视作吉祥的象征[19]，因此喜欢在新年期间食用这两种蔬菜。

在日语中，茨菰的汉字写作“慈姑”。这是因为茨菰从母球长出地下茎并在顶端结出仔球的样子，就像一位给孩子喂奶的慈祥乳母。“茨菰”这个名字最初是从“食用灯心草”演变而来的。灯心草是榻榻米的原料，其叶细长如针，但茨菰的叶子却是和野慈姑一样的人脸形，和灯心草毫无相似之处。为什么茨菰会被命名为“食用灯心草”呢？

“茨菰”最初指的是一种同样由水田杂草改良而来的蔬菜——荸荠[20]。荸荠是莎草科植物，叶子的形状与灯心草相似，是一种可食用野菜。古代的日本曾从中国引进荸荠，其味道与泽泻科的茨菰十分相似。在1712年编纂的《和汉三才图会》中，莎草科的荸荠被称为“黑茨菰”，泽泻科的茨菰则被称为“白茨菰”。由于泽泻科的茨菰更加常见，久而久之，“茨菰”便成了其专属称呼。就这样，莎草科的荸荠与泽泻科的

19　日语中“发芽”一词为「芽が出る」（めがでる），与日语中有着“走运”含义的单词「目が出る」（めがでる）发音相同，均为“megaderu”，因此日本人将以发出新芽为特征的茨菰视作吉祥的象征。

20　日语中，“茨菰”为「クワイ」，“荸荠”为「クロクワイ」（黒クワイ），从字面来看，日语中的“荸荠”有着“黑茨菰”的含义，二者之间有一定的渊源。

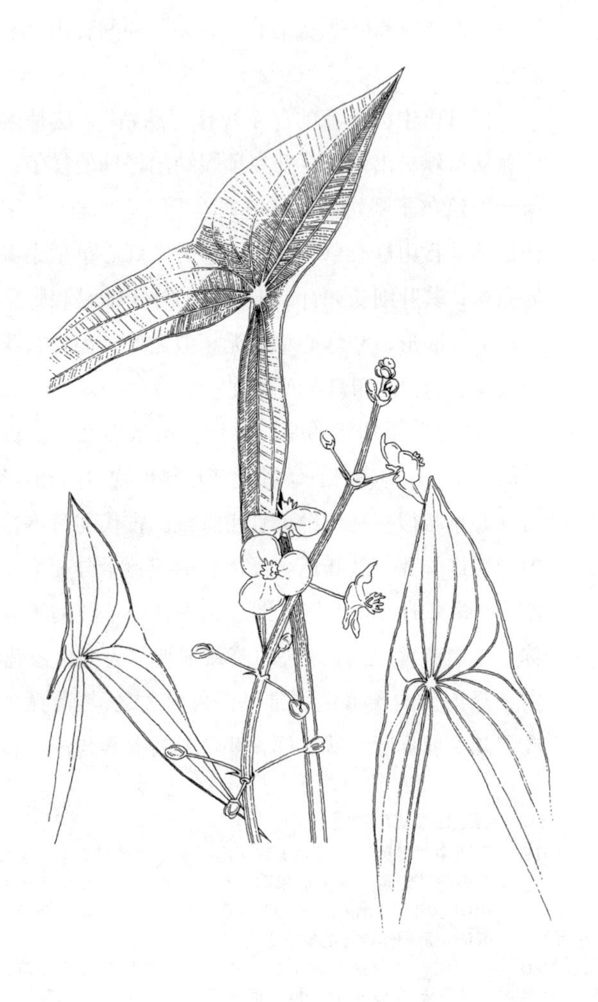

茨菰被完全区分开来了。

被改良为可食用蔬菜的茨菰很少开花。与之相反，野慈姑需要借助开花来繁殖后代，因此也被称作“开花茨菰”。野慈姑同时拥有雄花和雌花，雄花长在茎的顶端，雌花则长在底端。为了错开雌雄花的开花时间从而避免近亲繁殖，雌花会比雄花更早开放。

野慈姑在夏季会绽放出清新的白色花朵。野慈姑本是不起眼的水田杂草，但若种植在水缸里，其硕大的叶子和美丽的花朵就能体现出良好的观赏价值。

不过，我们还是就此停止对野慈姑的赞美吧！若是不慎被它听到，那虚荣的大叶子只怕会更加目中无人呢。

荩草

小鲫鱼草 禾本科　　　　黄色魔术

“追捕野兔的那座山岗，钓小鲫鱼的那条溪流。”

高野辰之在童谣《故乡》中描绘了一幅美丽的日本乡村景象图。

荩草是水田和沼泽地中常见的杂草，因宽大而酷似小鲫鱼的叶子而得名[21]。

禾本科植物的花朵大多外表低调，所以难以分辨，但荩草却有与众不同的大宽叶子，难怪古人会别出心裁地将其比作可爱的小鲫鱼。

小鲫鱼在高野辰之的另一首童谣《春天的小河》中也有提及：

“春天的小河哗啦啦地流，虾子、青鳉和小鲫鱼成群结伴地游。”

小鲫鱼是否真的像这首童谣中唱到的那样，像簇生的荩草叶一样成群出现在春天的湍流中呢？

不起眼的荩草其实有着不为人知的神奇力量。荩草又名“刈安草”，有“容易修剪”[22]的含义。

21　荩草日文名称为「コブナグサ」，其中「コブナ」又写作「小鮒」，是“小鲫鱼”的意思，故作者在文中说荩草因叶子形状酷似小鲫鱼而得名。

22　此处原文为「カリヤス」，日文汉字写作「刈安」。「刈」指「刈り」，意为“割、修剪”；「安」指「安い」，意为“容易的”，因此「カリヤス」一词有“容易修剪”的含义。

荩草曾被用作丝绸纺织品的染料。在现在的八丈岛上，人们仍在精心培育着被称为“八丈刈安草”的荩草，并用其染制特产丝织品“黄八丈”。

“黄八丈”的“八丈”最初是指织成八丈长（一丈长约3米）的丝织品。“八丈岛”因其特产黄八丈声名远扬而得名。顾名思义，黄八丈是一种底色金黄的丝织品，搭配有棕色或茶褐色的条纹图案，其明亮的底色便是用荩草染制而成的。

荩草的茎和叶均为绿色，虽说秋天会长出紫红色的穗，但并不能开出鲜黄色的花朵。究竟为什么它会被用作黄色染料呢?

若想制作黄八丈，首先需要将干燥的荩草煮沸一次，再将煮出的汁液浸入丝线中。这样只能将丝线染成淡黄色，但如果将淡黄的丝线浸泡在将山茶花枝叶煮沸制成的汁液中，丝线就会变成亮黄色。这是因为山茶花的汁液中含有铝离子，铝离子能够与山茶花的色素发生反应并形成亮黄色。夏季的山茶花中的铝离子含量较高，因此夏季是制作山茶花汁液的最好时节。

除去荩草的黄色外，古人也曾利用植物成分的化学反应提取其他颜色。例如，紫色最初是由紫草科植物紫草的根部制成的，暗红色则是用茜草科植物东南茜草的汁液染成的。

虽然黄八丈最早的生产时间尚未确定，但平安时代就已有相关记载。在没有生物化学或金属离子知识的年代，人们是如何想到从荩草和山茶花中提取明黄色的呢?

这古老的智慧足以令我等现代人惊叹。

田埂中的野草

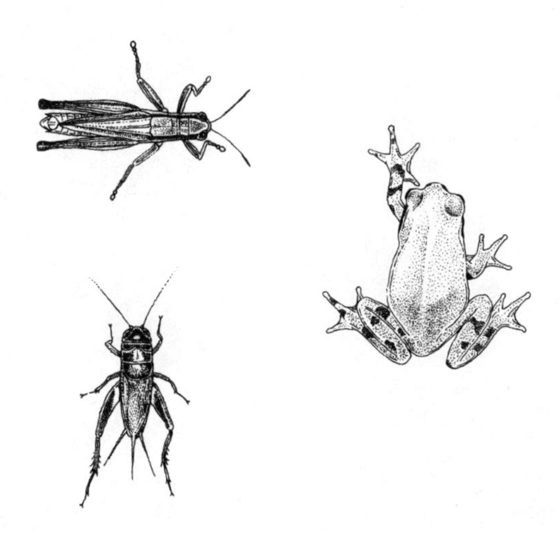

人们在水田之间划出田埂用于蓄水，同时为各种植物和青蛙、蟋蟀等动物提供了家园。田埂孕育出了多种多样的花花草草。田埂间的除草作业看似是对自然环境的破坏，但实则铲除了高大碍眼的野草，令更多矮小生灵得以沐浴阳光的恩惠。尤其到了春天，田间小道就像花圃一样，各种野花竞相开放、争奇斗艳，景象美不胜收。

鼠麴草

母子草 菊科　　母与子的节日

每逢3月3日的女儿节[23]，人们会从下到上摞起绿、白、红三色的菱形年糕。

据说菱饼的三色分别有健康、清净、驱魔之意，三种颜色组合在一起，可以呈现出白雪下新芽破土、白雪上桃花盛开的情景。不过，据说饼的颜色是在明治时代以后才固定为三种的，在此之前只有绿色和白色两种。

相传，菱饼是由草饼改良而来的。在饼中加入草并不是为了提取香味或颜色，而是为了使饼的质感更加黏着。

人们最初在草饼中加入的是鼠麴草。

鼠麴草靠布满全身的白色棉毛来躲避害虫的侵食。这种细小的棉毛带有黏性，因此将鼠麴草加入饼中可以起到提升黏度的作用。

据说，在女儿节吃草饼的风俗是从中国传入的。在日本，使用鼠麴草制作的“母子饼”曾是桃花节的保留节目，但是用杵捣被称作“母子草”的鼠麴草[24]

23　女儿节，又称桃花节、雏祭、人偶节等，是日本女孩子的节日，时间为每年3月3日。

24　鼠麴草日语为「ハハコグサ」，其中「ハハコ」为“母子”之意，「グサ」原型为「クサ」，为“草”之意，合在一起便为“母子草”。

被视作一种不吉利的行为，因此不知从何时起，同样拥有迷人香味且更易获取的艾草便取代鼠麹草成了草饼的原料。

鼠麹草也是春之七草的一种。

“芹菜、荠菜、御形、繁缕、佛之座……”

在四辻左大臣的著名和歌中被称为“御形”的就是鼠麹草。之所以被称为“御形”，据说是源自女儿节时将人偶[25]放入河中消灾的古老风俗。

女儿节原本被视作驱除邪气的消灾日，人们会用草和纸制作人偶，将自己身上的污秽和灾难转移到人偶身上，再将其放入河中漂走。最终，这种人偶进入人们家中并发展成了现在的饰品“雏人偶”。如今每逢女儿节，在日本各地也常能看到将人偶放入河流和大海的传统“流雏”活动。

鼠麹草全身长满白色棉毛的样子让人联想到母子相依的温暖景象，因此被人们命名为“母子草”。不仅如此，鼠麹草在春光下绽放的淡黄色花朵也给人一种与名字相配的温和美感。

据说，“母子草”的名字其实是假借字。鼠麹草最初被称为“蓬蓬草”[26]，但不知在何时以何种方式变

25　在日语中，「御形」（ごぎょう/おぎょう）一词也可用来代指人偶（にんぎょう）。

26　原文为「ホウコグサ」，日文汉字写作「蓬立草」。「蓬立」在日语中有形容草或毛发乱蓬蓬的意思，故此处译为“蓬蓬草”。

成了现在的名字。

菊科的鼠麴草和蒲公英一样，能够让种子借着棉毛乘风而起。“蓬蓬草”这个名字描绘的便是鼠麴草枯萎后棉毛随风飞走的样子。虽然鼠麴草的语源众说纷纭，但这种说法似乎最为可信。

有时候，养育孩子的重担都落在了母亲一人身上，许多母亲都为育儿烦恼不已。哪怕是充满母子温情的鼠麴草，最终也要面临“母子分离”的局面。天下的母亲们不妨借鉴一下鼠麴草的做法：当花儿开尽后，“毛孩子们”便会带着父母的柔情随风飘走，踏上属于自己的旅程。

细叶鼠麴草

父子草 菊科　　不如母子

鼠麴草可爱的黄色花朵被柔软的棉毛包裹着，因其形似温馨的母子形象而受到人们的喜爱。

与“母子草”相对的还有一种“父子草”，即细叶鼠麴草。与作为春之七草和草饼原料的鼠麴草相比，细叶鼠麴草并不那么出名。

与鼠麴草美丽温暖的黄色花朵不同，细叶鼠麴草的花朵是低调的深紫褐色。细叶鼠麴草与鼠麴草十分相似，叶片上都覆盖着细细的棉毛，但毛量要更少，看起来既不温暖也不显眼。某本植物图鉴评价其为“与鼠麴草相似，但看起来干瘪瘪的”。现实中的细叶鼠麴草的确如这本图鉴上描述的一般，这对普天之下的父亲来说还真是残酷，难道父子间的牵绊不如母子间那样深刻吗?

不仅如此，鼠麴草十分顽强，在任何地方都能茁壮成长；而细叶鼠麴草的生长区域十分有限，数量也在逐年减少。与鼠麴草相比，细叶鼠麴草颇有几分柔弱的感觉。

“因爱而得名的佛之座父子草，却被践踏于田野之中。”（窪田空穗）

令人遗憾的是，在这首收录于歌集《丘陵地》的短歌中，父子草遭到了人们的无情践踏。

细叶鼠麹草往往生长在干燥草坪的角落和其他容易被踩踏的地方，就好像一位在家里没有容身之处、被赶到高尔夫球场的父亲一样，叫人看了不免心生悲凉。

“地震、打雷、火灾、父亲”[27]是否已成为过去式了呢？曾经，父亲是家里最高大、最可靠的人，但也是最严厉的、令孩子们感到恐惧的存在。

然而，近年来，父亲的尊严和体面却丧失殆尽。一直以来，人们都说父亲在家庭中的存在感越来越稀薄，细叶鼠麹草的衰落仿佛是对这一现象的响应。

代替细叶鼠麹草茂盛生长的是被称为“仿父子草”的匙叶鼠麹草。这种植物的日语名称为「チチコグサモドキ」，其中词尾「モドキ」的汉字写法是「擬き」，有“模仿”“似是而非”之意。

在现代日本，严厉的父亲逐渐消失，和孩子亲如朋友的父亲不断增加，“父子草”的衰落与“仿父子草”的繁茂简直就像是在暗示这一变化一般。

匙叶鼠麹草是原产于北美的归化植物。同为归化植物的还有最近十分惹眼的杂草里白合冠鼠麹草（里白父子草）。这种草长着遍布地面的宽大莲座状叶，

27 “地震、打雷、火灾、父亲”为日本谚语，用来形容世界上最可怕的四样事物。在古代日本，父亲作为一家之主拥有很高的地位与威严，也格外严格，因此会令孩子们感到惧怕。

但好在叶子背面是白色而非黑色[28]。除此之外，合冠鼠麴草（淡红父子草）、直茎合冠鼠麴草（立父子草）等也从原产地北美和南美出发，走向了世界各地。

如今，比起“父亲”，“爸爸”和颇具美国风格的“爹地”等称呼要更加常见。

如今，公园里的草坪中只见“美国父子”而不见“日本父子”。古老的日本“父子草”在失去了尊严与容身之地后究竟还能去往何处呢?

---

28 “背面黑色”可以写作「ハラグロ」，即「腹黑」，「腹黑」在日语中有“黑心肠”“坏心眼儿”的意思。

荠菜

荠菜 十字花科　　　　冬去春又来

荠菜因其三角形的果实酷似三味线琴拨而被人们以三味线的乐声命名为“啵啵草”。在日本，这一别称甚至比本名“荠菜”更为人熟知。

人们常说，经常倒塌的房屋“屋顶上会长出啵啵草”。但实际上，荠菜的种子既不能乘风而起，也不受鸟儿青睐，根本就无法到达屋顶那么高的地方。反而是长有棉毛的菊科植物能够随风飞到草房顶上。荠菜强大的繁殖能力使其能在庭院、田野等任何地方安家，但也因这种四海为家的落魄感而被人们称为“贫乏草”。这种潦倒的形象倒是与破旧的草屋顶很相配。

“贫乏草”荠菜其实也是人们喜爱的一种野花。

孩子们常用荠菜做游戏：把荠菜果实的皮剥下来再转动茎秆，果实就会相互碰撞并发出“沙沙”的声音，就像“咚咚”作响的太鼓一样。

从名字不难看出，荠菜是可食用的。江户川柳[29]中有句俗语：“荠菜商贩是随便讨价还价的。”荠菜是如此受人们青睐，以至于出现了兜售它的商贩，这种情况经常出现在绿叶菜匮乏的冬季。

29　川柳，日本传统诗歌形式，为按照“5、7、5”的音节排列的定型诗。

就如“芹菜、荠菜、御形、繁缕、佛之座”所唱的那样，荠菜也是春之七草之一。每年的正月初七，人们一边唱着“七草荠菜，唐土鸟儿，飞来我家，咚咚嗒嗒”，一边制作七草粥。极富韵律的“七草荠菜”[30]点出了荠菜在春之七草中的代表地位，日本的某些地区甚至用“七草”来直接指代荠菜。

荠菜被认为是春之七草中味道最好的一种。荠菜的美味需要寒冷的衬托：切好的荠菜叶很容易受寒，而越是寒冷，叶子的味道就越甘甜美味。

不仅是荠菜，所有的春之七草都能在严寒中顽强生长。“过年吃七草就能健康一整年”，这不只因为七草有补充维生素的功效，还因为人们相信七草强大的生命力能够辟邪。然而对植物来说，让种子和球茎在温暖的土壤里过冬才是最稳妥的办法，为什么七草要在寒冬大费周章地舒展绿叶呢?

当其他植物还在土壤中沉睡时，七草在严寒中展开叶子进行光合作用。冬季微弱的光照也能为七草带来足够的养分以供其在春天长茎和开花。这样一来，七草便可以在其他植物苏醒前率先生长并绽放，从而在春季时避免不必要的生存竞争，并垄断第一批前来传粉的昆虫。这是暖春发芽的植物所做不到的。

---

30 “七草荠菜”日语为「ななくさなずな」，发音为“nanakusa nazuna”，「な」（na）音节较多，读起来颇为押韵。

早春绽放的野花见证了寒冬的逝去与春天的到来。对七草来说，正是因为挺过了严寒的深冬，才能够比任何植物都更早一步绽放出傲人的花朵。

薤白

野蒜 百合科[31]　　谢绝入庙

“薤白”这一名字意指生长在原野中的蒜；“蒜”字是对葱、虾夷葱等有味道的葱属蔬菜的古称；而气味强烈的蒜在古时则被称为“大蒜”。

禅宗寺院门前的戒坛石上写着“不许荤酒入山门”。“荤酒”指酒和气味浓郁的五种荤菜，即葱属的葱、大蒜、韭菜、薤白和藠头。

人们一般认为，荤菜腥臭的味道会令人心生不净之念。但实际上，荤菜被寺庙拒之门外，似乎是因其味道会使人难以集中精神，从而无法进入无我之境。

据说，“大蒜”因其辛辣而使舌头发麻的口感得名。

薤白和大蒜、藠头一样，鳞茎部分可以食用。生薤白不用复杂的烹饪，直接火烤或水煮，再蘸着味噌酱吃就非常美味。薤白也很适合做下酒菜，也难怪每日禁欲、修行的佛僧会被禁止食用。薤白的叶子也同叶葱、韭菜叶一样可以食用。

《万叶集》中写道：“捣蒜合酱醋，鲷亦所欲；我不愿见，水葱做羹汁。”

31　薤白也可按APG分类法划入石蒜科。

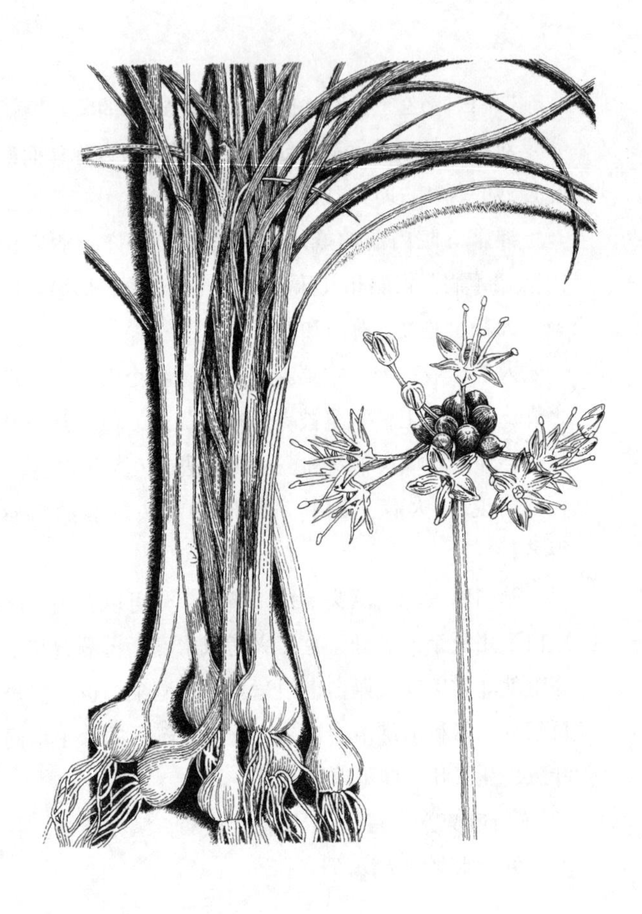

这句和歌的意思是："我想吃醋味噌拌薤白和鲷鱼，请不要给我水葱的酱汁。"

虽然水葱如今因濒危而显得珍贵，但歌句中的人比起水葱却更渴望朴素的薤白和鲷鱼。然而，随着料理花样变得繁多，薤白也渐渐被人们遗忘。

过去，如果向火耕村落的老人询问，会得到这样的回答：

"从前哪，吃的都是稗子、麦子，没有别的吃的。但薤白是乞丐才吃的，咱们可不吃那个。"

薤白的味道自始至终没有改变，却因时代和场所的变迁而被人们抛弃。

薤白等葱属植物被分类为百合科。薤白的花由许多小花组成，每朵小花有六片花瓣。百合花乍看上去也有六片花瓣，但实际上只有里侧的三片是花瓣，外侧的三片是变形的花萼。薤白花也是同样的构造。

同样被视作荤菜且同属葱属的韭菜和藠头也会开出相似的花朵。

薤白的花朵固然美丽，但却有不少薤白面临着无法开花的困境。这往往是因为原本应该变成花的细胞发生变化，长出了珠芽。即便是已经开花的薤白也有可能长出珠芽。珠芽也和种子一样能够发育成新的植株，是薤白提升繁殖能力的重要手段。

生长在水田和旱田周围的薤白多长有珠芽但不开花，这是因为频繁进行的割草作业使得薤白失去了开花与昆虫授粉的机会。变态发育而成的珠芽即便在这样恶劣的环境中也能留下后代，成了薤白繁衍的保障。

作为五种荤菜中唯一的杂草，薤白或许是在用自己的方式变得更加坚韧吧！

魁蒿

蓬菊科　　　　在干燥的风中起舞

“这像指燃草一样焚烧我心的思恋啊……”

这句藤原实方朝臣创作的和歌出自《百人一首》的第五十一首，意思是：“我对你的思念难言于口，就像伊吹山上燃烧的指燃草一样热烈，而你又怎么会知道呢。”像爱恋之火一般灼热的“指燃草”其实是魁蒿，一种常被用于艾草针灸的植物。“魁蒿”这个名字原本就来源于“经常燃烧的树”[32]，甚至有说法认为其是由“善燃木”演变而来的。

魁蒿的叶子背面长着细密的白色绒毛。艾灸中常用的艾绒便是将干燥后的魁蒿叶子用臼捣好再挂在筛子上收集而来的。

魁蒿原产自中亚的干燥地带。植物叶子背面有用于呼吸的气孔。对多数植物而言，气孔是排出水蒸气以进行气体代谢的重要通道，但对生活在干燥地区的魁蒿来说，这却意味着珍贵水分的流失。魁蒿叶子上的绒毛便是为了阻止水分流失而生的。在显微镜下看，这种绒毛是一种从中间开始分叉、形似字母T的“T字毛”。魁蒿费尽心思增加绒毛的数量，简直就像为增

32　“经常燃烧的树”的日文「よく燃える木」（よくもえるき）和“善燃木”的日文「よもき」与“魁蒿”的日文名称「よもぎ」发音接近。

发而头疼的人类一样。绒毛上还含有蜡，可以进一步阻止水分流失，所以艾灸能像蜡烛燃烧一样慢慢进行。魁蒿之所以被选作草饼原料，并非因其诱人的味道和颜色，而是因为这种独特的T字毛。魁蒿是制作草饼时重要的“黏合剂”，在年糕中加入魁蒿叶，叶子上细小的绒毛便会缠绕在一起，从而增加年糕的黏性。

当然，独特的香味也是魁蒿的特点之一。干燥地带的植物体内多带有杀菌素等化学物质，魁蒿就是用各种香味浓郁的精油成分来保护自己免受害虫和杂菌侵害的。因为这些精油成分中蕴含多种药效，所以魁蒿自古以来就是重要的药草。

不仅如此，干燥地带的传粉昆虫很少，因此魁蒿不是靠昆虫运输花粉的虫媒花，而是借助风力传粉的风媒花。

据说，虫媒花是由风媒花进化而来的，其中蒲公英、向日葵等菊科植物是虫媒花中进化最快的种类。魁蒿虽是菊科植物却反其道而行之，从虫媒花再次变回了风媒花。虫媒花能够借助艳丽的花瓣与甘美的蜜香吸引昆虫，而风媒花魁蒿却没有花瓣。这样的外表虽然朴素又低调，却便于让花粉随风飞走。也因此，拼命散播花粉的魁蒿成了令人头疼的花粉症的源头之一。

曾经在艾灸和草饼上为人类做出贡献的魁蒿如今却遭到厌恶，真是此一时彼一时啊！

救荒野豌豆

乌野豌豆 豆科　　　　“乌鸦”和“麻雀”谁更聪明

如若置身于春天的田野中，人们可能会惊异于为何有粉色的莲花锦簇于田埂之上。但凑近打量，就会发现那其实是豌豆的花朵。

救荒野豌豆因其成熟后豆荚会变成乌鸦一样的黑色而得名“乌野豌豆”。

被以类似方式命名的还有“雀野豌豆”，即小巢菜。“雀”代表“麻雀”，来源于小巢菜相对较小的豌豆颗粒。

话说回来，其实还有一种大小介于救荒野豌豆和小巢菜之间的植物，又该如何称呼它呢?

这种植物就是四籽野豌豆。因为其大小介于“乌鸦”和“麻雀”之间，所以也被叫作“乌麻间草”[33]。这样命名实在是有点投机取巧。

顺便一提，被以同样方式命名的还有丝瓜。丝瓜原来叫「と瓜」,「と」字在《伊吕波歌》[34]的四十八

---

33 日文为「カスマグサ」，其中「カ」意指“乌鸦”（カラス），「ス」指“麻雀”（スズメ），「マ」即「間」，为“中间”的意思，「グサ」则是“草”的意思。因此该日文名称直译为“乌鸦和麻雀之间的草”，这里译为“乌麻间草”。

34 《伊吕波歌》为日本平安时代的和歌，以七五调格律写成，全文为不重复的47个假名，现代版本则多增加了「ん」字，因此为48个假名。

个字中位于「へ」和「チ」之间[35]。因此，人们便为丝瓜起了代表着“へ和チ之间”的名字「ヘチマ」。古人着实是擅长文字游戏呀！

虽然救荒野豌豆和小巢菜十分相似，但自我保护的方法却完全不同。

小巢菜依靠体内的抗菌和抗氧化物质来保护自己不受病原菌和害虫的侵害；救荒野豌豆没有选择抗菌物质，而是用甜蜜来自保，这是为什么呢？

植物一般会在花朵里产蜜以吸引传粉的昆虫。但野豌豆不仅花朵能产蜜，叶子的根部也能分泌蜜液，仔细观察叶根的话就会发现呈黑色斑点状的蜜腺。这样一来，救荒野豌豆便可以靠这甘美的甜蜜来吸引蚂蚁做自己的“保镖”。看似渺小的蚂蚁在昆虫界其实很强大。即使是有毒针作为武器的蜜蜂，也会小心翼翼地将巢筑在高高的树枝上，并涂上刺激性物质来驱赶蚂蚁。

蚂蚁为了保护蜜腺会赶走其他昆虫。就这样，救荒野豌豆以甜蜜作为报酬，雇用蚂蚁来保护自己。

但是世事无常。

即使有蚂蚁作为保镖，救荒野豌豆也很难逃离蚜

35 此处指《伊吕波歌》开头的「いろはにほへとちりぬるを」一句，现代日语中多写作「色は匂へど散ぬるを」，意为“花色虽美但必然消散”。句中「と」位于「へ」和「ち」之间。

虫的魔爪。蚜虫将带吸嘴的针状口器刺入救荒野豌豆的茎中，吸取养分，多余的糖分会化作蜜露从直肠排出。在如此诱人的甘露面前，蚂蚁二话不说就被策反，转身开始为蚜虫驱赶天敌，弃救荒野豌豆于不顾。救荒野豌豆的自卫之旅可谓“赔了夫人又折兵”。

与救荒野豌豆相反，小巢菜就不太招惹蚜虫。看来，“乌鸦”和“麻雀”在防卫战争上的智慧较量，是“麻雀”大获全胜了。

圆叶苦荬菜

地缚 菊科　　　　于花田中哭泣

做佣工的小和尚们常常被要求去院子里拔草。面对怎么拔也拔不完的杂草，小和尚们唯有无奈地哭泣。恼人的杂草包括禾本科的早熟禾和石竹科的漆姑草等，它们被冠以“小僧哭”的称号。

然而，比起“小僧哭”，还有更加难缠的“小僧杀手”——圆叶苦荬菜。究竟是拥有怎样威力的杂草才能让小和尚们拔到痛不欲生呢?

圆叶苦荬菜与蒲公英花有几分相似，不同之处在于其花瓣数量更少，花茎也更加细软。

但圆叶苦荬菜的生命力可并不柔弱。圆叶苦荬菜的茎须在地面蔓延、分枝并扎根，就像是将地面紧紧束缚住了一般，也因此被命名为“地缚”。如果在割草或耕地时不慎将它的茎切断，断面上会迅速发育新芽，使总数不减反增。俗话说，“旱地的圆叶苦荬菜，水田的眼子菜”，貌似人畜无害的小野花反倒最叫人劳心费神。

齿叶苦荬菜、苦菜、黄鹌菜、稻槎菜、日本蒲公英和蛇莓等春天的野花多与圆叶苦荬菜一样，绽放黄色的花朵。

这是为了引诱春天最早开始活动且偏爱黄色系的牛虻。

但是，牛虻有时也会帮倒忙。野花最忌讳昆虫运来不同种类的花粉，这会让传粉的期待落空。蜜蜂能够精准识别、对应授粉的对象，因此深得野花的“芳心”。

牛虻可不如蜜蜂那般聪明，它们随意造访各种花朵，将不同种类的花粉散播得乱七八糟。

不仅如此，仅有二翅的牛虻在远距离飞行能力上也不如拥有四翅的蜜蜂，这导致牛虻的行动范围相对有限。

于是，黄色的小野花选择了群生。这样一来，无法远行的牛虻就会被这花团锦簇的黄色花田所吸引，在周围盘旋飞舞的同时传授同种类的花粉。

圆叶苦荬菜也是如此，它们用群聚的茎遍布地面，连起了一片美丽的黄色花海。

不过，一旦花期结束，美丽的花海就只剩下光秃秃的茎叶了。可千万不要觉得此时是拔除的好机会，倘若真想这么做，就只能像小和尚们一样站在花田中徒劳哀叹了。

酸模

酸叶 蓼科　　　　男女间的恋爱游戏

因为男女间的生理差异，有不少女性会对男性如厕的方式感到不快；同样地，男人也难以理解女性的方式。但对同时拥有雌蕊和雄蕊的植物来说，却没有这种因差异而产生的烦恼。

雌雄同体在我们人类看来是何等奇妙之事！

植物不像动物那样能够四处奔波、寻找伴侣。因此，它们只能委托风和昆虫将自己的花粉带给素未谋面的另一半。雌雄同株的构造能够提升植物寻找伴侣的效率，毕竟，如果雌雄蕊分开长在不同花上，可能会发生误给同性花朵传粉的尴尬事件。

雌雄同株对植物来说是有益的。但世上也存在4%左右的雌雄异株植物，这种特殊个体单独生长着雄蕊或雌蕊。

别名“酸模”的植物就是典型的雌雄异株植物。

当然，雌雄异株也是有好处的。雌雄蕊同体可能会因自花授粉而导致近亲繁殖。为了避免这种情况，花朵发展出了各种预防机制，例如，错开雄蕊和雌蕊的成熟时间，或者排斥雌蕊上的同株花粉粒来抑制生长等。

相比上述的复杂机制，雌雄分开长更加简单明了。这就是为什么自然界同时存在雌雄同株和雌雄

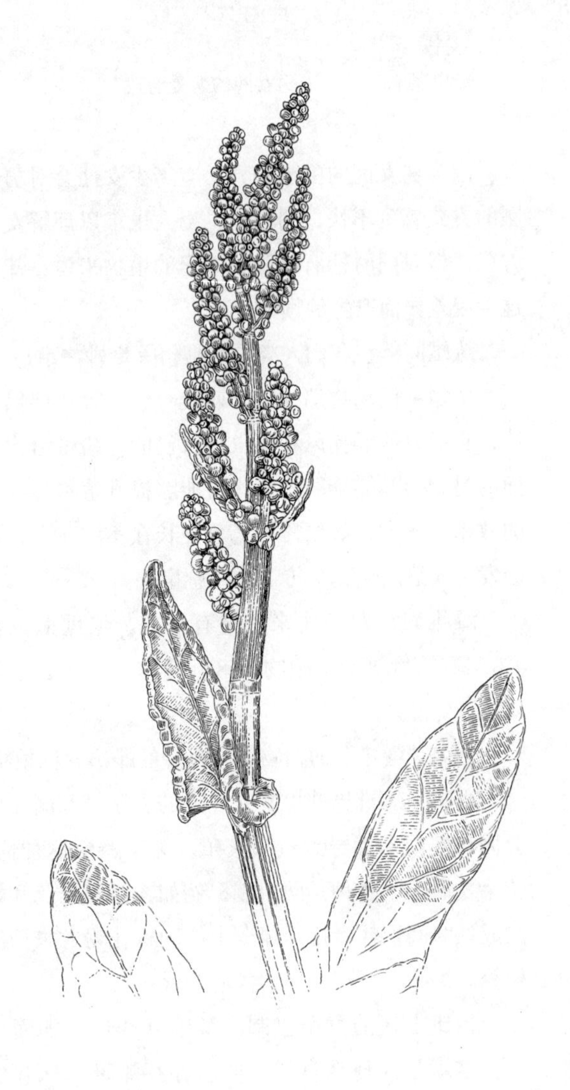

异株。

对植物来说，生产花粉的成本比孕育种子要低，而且授粉在不利条件下也可以顺利进行。因此，植物往往会根据自己生长发育的程度来决定性别。人类由Y染色体决定性别，而植物的性别却是由X染色体和常染色体的比例决定的。酸模比较特殊，和人类一样拥有XY型染色体。

酸模是一种依托风传粉的风媒花。较粗的雄蕊于雄花中垂坠，摇曳着将花粉散布于风中，与悬停在雌花外的纤细雌蕊交换花粉。

“酸模”这个名字源于“酸叶”，这是因为其含有草酸，咀嚼时会产生酸味。草酸不仅赋予酸模可口的味道，还可以保护酸模免受病原体和害虫之扰。也因此，酸模在欧洲被视作可食用蔬菜并被称为“sorrel”。遗憾的是，可食用酸模往往已经成熟到无法区分性别。

酸模和菠菜等蔬菜都是雌雄同体的，但为了避免抽薹，这些植物往往在开花前就被采摘，所以性别难以判断。

“我们好不容易才分出性别，结果你们根本就不在乎啊！”——想必酸模和菠菜会如此抱怨吧。但是，当花朵变红之后，雄花和雌花再次被区分开，我们就又能看到那个“男女有别”的酸模了。

蒲公英

蒲公英 菊科　　　　谁是坏人

日本的蒲公英分为原生种和明治时代以后传入的外来种。

原生种和外来种可以通过花朵背面的总苞进行区分，后者的总苞是下弯的，而前者则不是。

近年来，外来种强势蔓延，原生种的生存空间被持续压缩。据调查，日本蒲公英呈逐年向郊外推进的趋势，这难道也是遭入侵物种挤占的结果吗?

原生种在春季开花，而外来种则没有固定的开花时间，在春季以外的季节也会开放。此外，外来种不仅产种数量远高于原生种，种子的重量也更轻，能够实现远距离飞行，在繁殖力上有着极大的优势。

不仅如此，外来种无须与其他个体杂交授粉就可以生产克隆种子。因此，一株外来蒲公英即便没有配偶也能够孕育后代，并借此扩大自己种群的势力范围。

正是因为有这样强大的繁殖特性，外来种才能不断扩张。

但本土蒲公英也并非一无是处：外来种其实很难侵入原生种的生长地区。

外来种的繁殖特性乍看确实优异，然而种子越小，长出的芽就越小；芽越小，就越难与其他植物竞

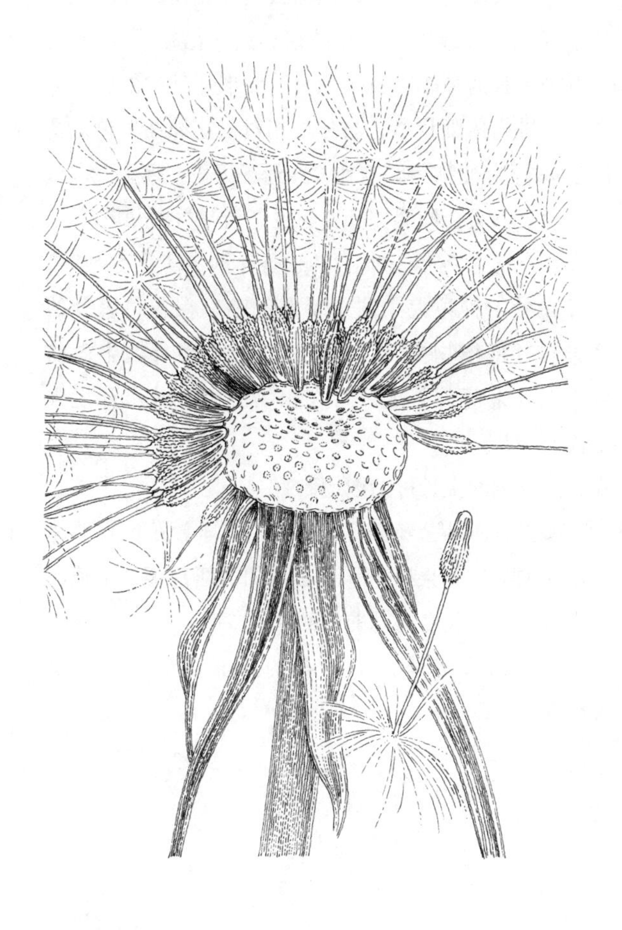

争。在残酷的生存竞争中，种子的大小也是至关重要的因素。日本蒲公英选择了大小优于数量的战略。

和多数植物不同，日本蒲公英并非在炎热潮湿的夏季开花并释放种子，而是在春天开花并释放种子。在万物生长的夏季，日本蒲公英除根部外的部位都会枯萎，进入休眠状态。与冬眠相对，这种在炎热夏季休眠的行为被称为“夏眠”。到了万物枯萎的秋季，日本蒲公英又会伸展枝叶，越过冬天并再次开放。

日本蒲公英基于本土自然条件制定了生存战略。但外来种的种粒大小注定了它们难以在花草繁茂的夏天与其他植物抗衡。因此，比起自然环境丰盈的日本，外来蒲公英更适合在植物稀少的城市环境中生长。

蒲公英的生长可谓因地制宜。

如果日本蒲公英减少了，说明日本繁茂的自然风光正在消失；如果外来蒲公英增加，便是不利于植物生长的城市化程度提升的证明。

看来，决定蒲公英分布的并非蒲公英，而是人类。

中日老鹳草

现之证据 牻牛儿苗科　　　源平的代理战争

日本的电流频率有两种：以富士川为界，以东为50赫兹，以西为60赫兹，这在世界范围内都十分罕见。这是因为明治时代的日本关东进口的是德国产的50赫兹的发电机，关西进口的则是美国产的60赫兹的发电机。

中日老鹳草的分布也同样以富士川为界分为东西两部分：以东为白色花系，以西则为粉红色花朵的红色花系。

富士川也是持白旗的东国源氏和持红旗的西国平家进行“富士川之战”的地点。在人类的世界中，平家战败并撤退到了西边；但在中日老鹳草的世界中，红白两方仍在富士川两侧进行着激烈的角逐。

当花开尽后，中日老鹳草的果实会在成熟后从下部开裂、倒转过来并把种子弹飞，之后又会变回原本形似祭祀神轿的形状。中日老鹳草因此得名“神轿草”。

中日老鹳草的名字也有“有效的证据”这一层含义。

中日老鹳草自古以来就作为止泻药而闻名。据《本草纲目启蒙》（1803年刊）记载：“将根苗制成粉

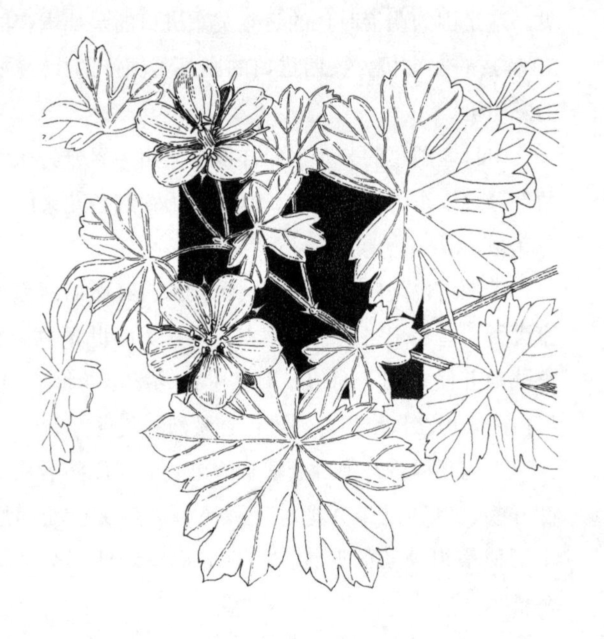

末能够治疗痢疾，故称之为‘现之证据’[36]”，意即药效十分强劲。作为药草的中日老鹳草的效果好到让医生都会自愧不如，因此也被人取了“祛医”“医生杀手”一类像毒草一样恐怖的别名。

作为药草的中日老鹳草中含有大量丹宁。丹宁作为茶和涩柿子中的苦味成分而闻名，具有与蛋白质结合并使之凝聚的收敛作用。中日老鹳草抑制腹泻的功效便是通过这种收敛作用实现的。

那么，中日老鹳草为何会有这样的功效呢？

通过使蛋白质变性的收敛作用来抑制腹泻的丹宁，其实是中日老鹳草为了保护自己而产生的物质。丹宁能够使昆虫体内的消化酶变性，从而减退其食欲，它作为一种易于生产的化学物质广泛存在于多种植物体内。

但不可思议的是，也有昆虫能吃含有丹宁的植物叶子。这类虫子能够通过消化酶分泌出具有抗丹宁作用的物质。

在昆虫与植物激烈交锋时，羸弱的人类却需要靠中日老鹳草来调理肠胃。这样的人类，想必会被小虫子取笑吧！

36　中日老鹳草的日语名字「ゲンノショウコ」的汉字可写作「現の証拠」，即“现之证据”，有着“就像这般十分奏效的证据”的含义。

天胡荽

止血草 伞形科　　　　地上的小伙伴

天胡荽又名止血草。

之所以这样命名，是因为天胡荽中含有一种能凝固血液的成分，把它的叶子揉搓后敷在伤口上便可以止血。

天胡荽喜半潮湿的环境，常生长在田间小道或人行道边的阴凉处等地。每天在阳光下玩耍、搞得浑身脏兮兮的淘气孩子一定对它再熟悉不过了。

天胡荽是一种由昆虫传粉的虫媒花。

虫媒花通常以美丽的花瓣和甜美的花蜜来吸引蜜蜂和牛虻等昆虫。然而，天胡荽不起眼的黄绿色花朵只有几毫米，甚至连花瓣都没有。这样的花朵究竟是靠什么来吸引昆虫的呢?

其实，天胡荽并不吸引蜜蜂或牛虻来帮忙传粉，而是靠在地面上生活的蚂蚁来传粉的。蚂蚁沿着天胡荽的茎行走，依次造访沿途的每朵花，收集花蜜后将口器周围的花粉运走。

勤劳的蚂蚁不仅要养活自己，还要养活巢穴中的同伴，因此需要日日在天胡荽花丛中劳作，由此一来，便成了优秀的花粉携带者。

蚂蚁主要依靠的是嗅觉，只要嗅到轻微的花蜜味，就算没有缤纷的花瓣也能精准找到花蜜。因此，天胡荽只需略施小计便可以吸引到蚂蚁。用我们现代人的眼光来看，天胡荽可真是一种颇具创新性的“低成本”花卉。

天胡荽属于伞形科，但外表却与其他伞形科植物截然不同。

通常，人们对伞形科的植物的印象是细碎的叶子与像伞一样簇聚的白色小花，就像芹菜、胡萝卜和当归那样。而天胡荽却长着圆形叶子与不显眼的小花，与前面提到的经典形象大相径庭。天胡荽因其花朵与果实的构造而被划入伞形科，并被认为是伞形科中的原始物种，但也存在将其归入其他科的观点。

天胡荽的同类植物广泛分布于世界各地，目前已知的就有100多个品种。这类植物的叶子形似一串便士硬币，因此其英文名称为“water pennywort”，意指“生长在水边的便士草”。便士是英国最小的货币单位，就像美国的美分或日本的一日元硬币。

最近，一种名为“野天胡荽”的大型天胡荽属植物突然入侵日本多地。这种外来植物最初被用作热带鱼水族箱中的观赏性水生植物，不知怎的却被倾倒到河流中，四处蔓延。

野天胡荽固然无辜，但它作为外来物种突然闯入日本的自然环境中并在水边肆意蔓延，可能会对其他生物造成不可估测的影响。

同样不起眼的天胡荽与蚂蚁合作共生。看来，我们的世界是一个由各种生命相互支持、历经漫长岁月共同构建而起的精妙世界。

匍伏筋骨草

金疮小草 唇形科　　　　自地狱重返人间

匍伏筋骨草是一种于春天盛开的美丽紫花，它紧贴地面的叶子呈放射状延伸，因此也被称为“地狱大锅盖”。

如此骇人的称呼明显不该用来形容花朵，究竟是为什么要这么称呼它呢?

这是因为可怕的“地狱大锅盖”其实也是能够防治多种疾病的救命稻草。据说，若饮下用这种草煎制的水，便能盖住通往地狱之路的盖子，从而重返人间。

尽管紫色的花朵十分吸引人眼球，但自古人们就更重视匍伏筋骨草的药用价值，并以此为根据为其命名，可见匍伏筋骨草的药效之强劲。

“匍伏筋骨草”（キランソウ）这个名字是怎么来的呢？一种说法是,「キ」和「ラン」分别是古语中紫色和蓝色的意思，因此这一名字源于花朵蓝紫色的外表；另一种说法是，这种植物的茎在地上成簇延伸的样子酷似金锦[37]，故而得名。

同时，匍伏筋骨草的汉字名称可写作“金疮小草”。“金疮”指刀伤，意指用匍伏筋骨草的茎叶榨汁

37　匍伏筋骨草的日语「キランソウ」汉字可写作「金襴草」，「金襴」意即金锦。

有治疗割伤和疖子的功效。匍伏筋骨草用途广泛，以致被有些地区的人们称为“医生杀手”。

分布在村落附近的匍伏筋骨草在森林中也有同类，那就是紫背金盘，只不过匍伏筋骨草匍匐在地，紫背金盘则是直立的。相传，这种植物重叠绽放的花朵形似平安时代宫女穿的“五衣唐衣裳”，这便是“紫背金盘”的由来。

紫背金盘由一簇簇小花聚集而成，其花瓣上下部分相互嵌套连接，两者覆盖相连的样子就像嘴角，也因此得名“唇形花”。匍伏筋骨草也是同样的构造。

那么，复杂的唇形结构是如何形成的呢？为引诱昆虫授粉，花朵会用美丽的花瓣来使自己更加夺目，并给予昆虫甜美的花蜜。唇形花的目的正在于此。

唇形花的馈赠并不公平，只有高效的花粉携带者花蜂才能得此殊荣。唇形花将花蜜藏在狭小入口的深处，体形较大的蜜蜂和蝴蝶无法通过，只有花蜂能够钻入上下唇花瓣之间，吸取花蜜。花蜂吸完花蜜后会从花朵中退出，其他昆虫做不出这样的动作。巧妙的是，唇形花朵的上唇下面藏着雄蕊和雌蕊，这样一来，花蜂在采蜜时就会将花粉蹭到背上。

与其他昆虫不同，花蜂能够精准传授同种类的花粉，是花朵可靠的“好帮手”。

但是，匍伏筋骨草和紫背金盘的花朵过于相似，因此也会有马虎的花蜂弄错这两种花的花粉。同时，

这两种植物出于密切的亲缘关系能够杂交并产生后代，这些不幸的后代就结合这两种植物的名字被命名为“十二金疮小草”。

匍伏筋骨草长着亮紫色的花与铺在地面上的茎，紫背金盘有着白色花朵和直立的茎，而它们的后代十二金疮小草则在花的颜色和茎的模样上都处于二者之间。

人类总是将所有植物的种类区别得明明白白，但大自然有时也喜欢和我们玩玩把戏，模糊植物的边界，好让这个世界变得更加复杂有趣。

通泉草

常磐爆 玄参科　　　花朵深处的隐秘之事

通泉草常隐于畛畦之野。

通泉草（トキワハゼ）名字中的「トキワ」写作"常磐"，是"常岩"（トコイワ）的另一种写法，意即像岩石一样永恒不变。白花紫露草（トキワツユクサ）和火棘（トキワサンザシ）等常绿植物的名称中也含有"常磐"一词。

但通泉草是冬季枯萎的一年生植物，为何依旧有"常磐"之意?

这是因为通泉草的花期从春天延续到秋天，一年中的大多数时间都在绽放。

那么，通泉草（トキワハゼ）的「ハゼ」又是什么意思呢？并非通泉草和漆树科的野漆[38]有亲缘关系，而是因为通泉草的日文汉字写作"常磐爆"，意指这种植物的果实爆炸、四处飞散的样子。

通泉草的花朵和匍伏筋骨草一样是上唇覆盖下唇的唇形花。通泉草借下唇艳丽的亮黄色来吸引花蜂钻入深处采蜜。

38　野漆的日语为「ハゼノキ」，与通泉草（トキワハゼ）一样含有「ハゼ」。

花蜂是虫媒花的好伙伴。为了获得这位好伙伴的青睐，不同科属的花朵，如玄参科的通泉草、唇形科的匍伏筋骨草、堇菜科的东北堇菜与罂粟科的刻叶紫堇等，都以紫色的唇形花朵相迎。

生长在乡野中的匍茎通泉草是通泉草的虫媒花近亲，花朵同样呈紫色唇形。

匍茎通泉草又称“紫鹭苔”，这一别称颇有来头。匍茎通泉草的白色变种花形似展翅高飞的白鹭，且茎干像苔藓一样伸展于地面，因此被命名为“鹭苔”。鹭苔原本只是匍茎通泉草的白色品种，但其在江户时代得到广泛培育，比匍茎通泉草更为人们熟知。匍茎通泉草也因此变成了“紫鹭苔”。

通泉草和匍茎通泉草一样也会产生白色的变种。可惜，与多年生的匍茎通泉草不同，通泉草是一年生，因此不适合人工栽培。无法为人类长久绽放的通泉草只能兀自生长于田野之间。

匍茎通泉草大体上与通泉草相似，但也有一些独特之处。

用松针或笔尖模拟昆虫，戳一下藏在匍茎通泉草花朵内的雌蕊，两根柱头的顶端就会像双壳贝一样迅速闭合，这样便能捕捉到昆虫身上的花粉。

或许这样的动作会让人联想到女性的生殖器官，因此匍茎通泉草也有一些隐晦的别名，比如女郎花、媳妇花和开帐花等。

只因人们敏锐的双眼捕捉到了不起眼的柱头运动，美丽的花朵就被扣上了难言于口的别名，古人的自然观还真是令人震惊。

白茅

茅 禾本科　　　　喜欢胖胖的你

夏天最先吹起的潮湿南风被称为“茅花流”。

“茅花”指白茅的花穗。初春，在长满丛丛白茅的田埂与河堤上，柔穗泛着点点银光随风飘扬的景象甚是壮观。

每逢夏天，白茅成熟的穗子就会像棉絮一样散开，和种子一并随“茅花流”飞去远方，那模样像极了蒲公英。这种柔软的白茅穗也曾被用作打火石点火的火种。

茅花是白茅的花穗。当春季白茅长出花蕾后，吸吮茅花便能尝到淡淡的甜味。因此，茅花在甜食稀少的旧时代曾是深受孩子们喜爱的零食，江户时代甚至出现了兜售茅花的商贩，可见其人气之高。

白茅不仅幼穗有甜味，根茎和茎也有甜味。这是因为白茅与用于制糖的甘蔗在分类学上是近亲，体内同样含有糖分的缘故。《万叶集》中的一首恋歌提到：

“为尔我手勤，春野白茅拔；食此，愿尔胖有加。”

这首歌的意思是：“我忙不迭地在春天的田野中摘下了这些茅花，请你好好享用，把自己吃得珠圆玉润吧。”在男女老少都致力于减肥的当下，这样的歌句定会叫恋人哭笑不得；但在甜食稀缺的过去，甜甜

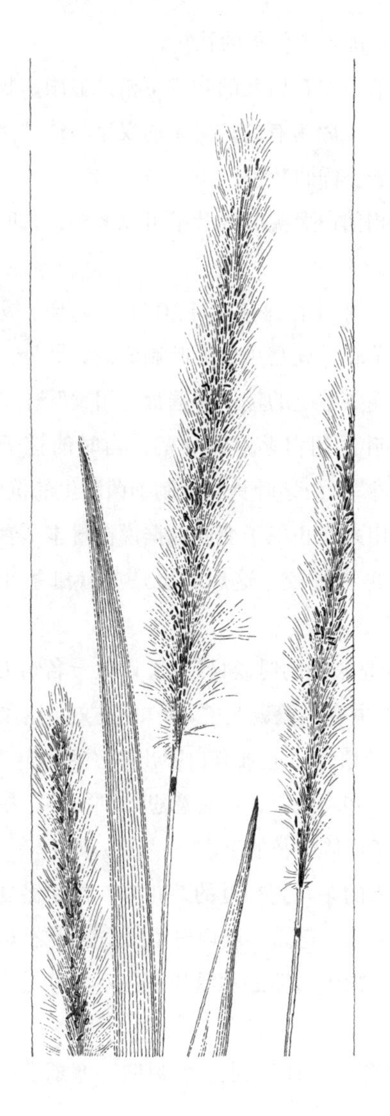

的茅花是最能取悦伴侣的礼物。

白茅的白穗在风儿的吹拂下格外显眼，长矛一样挺立的叶片也颇为有趣。白茅的汉字写法“茅”便是源于这长矛一样的叶子。

人们相信白茅尖尖的叶子可以辟邪，古时曾用来驱除邪灵。

例如，神社在每年6月30日“夏越之祓”中使用的大“茅轮”就是用白茅叶制成的。此外，在现在的日本，端午节吃的粽子普遍都是用箬叶作粽叶，但最初的粽叶是用白茅叶制成的，当时的粽子也被称为“茅草卷”。白茅叶具有抑制细菌滋生的抗菌作用，因此也可用来防止粽子变质。据说在日本，食用粽子可以防治毒虫叮咬，这想必也是源自白茅叶的抗菌功效。

“春天是破晓的时候最好”，以这一名句为起始的《枕草子》中有一段题为“草”的美文。这段文字中提及了多种植物，但唯有白茅出现了两次：“茅草花也很有趣”和“浅茅，都有意思”。“浅茅”指的便是白茅的叶子成簇生长的姿态。

从春天的茅花到初夏的茅花流，再到盛夏的滨茅之叶，白茅以一己之力展现出了四季变迁之美。

然而，咏唱白茅的和歌却往往不喜春夏，而是以秋天为背景。

《万叶集》中还提到：“秋风吹，寒意送；我家庭院浅茅下，蟋蟀鸣。”

《万叶集》中还提到：秋天天气转凉时，白茅的叶片会产生花色素苷以增强对活性氧类压力的抵抗性。花色素苷是一种红紫色的色素，能将白茅叶染为鲜红色。白茅以红色之姿迎接冬天，这样凛然而孤傲的身姿一定深深映在了古人的双眸之中。

光千屈菜

禊萩 千屈菜科　　　　迎接祖先的田中小花

光千屈菜也被称为“盆花”，每逢夏季的盂兰盆节便会绽放娇艳的粉色花朵，因此被人们供奉于佛坛和墓前。

在远远眺望井然有序的田间小道之时，光千屈菜醒目的花朵时常闯入人们的视线。它能在除草时逃过一劫也正是得益于此。

光千屈菜本是一种湿地植物，但为供盂兰盆节之用也常被种植于稻田周围的田垄中。

据说，“光千屈菜”的语源是“禊萩”。过去，有将含有光千屈菜穗的水洒在盂兰盆节的供品和器皿上的习俗，光千屈菜也因此获名“水掛草”。正因为与禊行[39]有所关联，才会有“禊萩”这一别称。

为什么要用光千屈菜来洒水呢?

江户时代中期的国学学者天野信景推测，这可能是为了替盂兰盆节期间归来的佛祖滋润喉咙。据古医书记载，光千屈菜有止渴的功效，用光千屈菜制作的草药“千屈菜”在水中煎煮后便能生津解渴。

时至今日，人们依旧用光千屈菜来熄灭盂兰盆节的篝火和门火。此外，一些地区的人还会在玄关处用

39　“禊”是日本神道教的一种仪式，通常与水有关，借水来洗净罪孽与污秽。“禊”有水浴等多种形式。

光千屈菜蘸水洒之，以起到净化之用，表示迎接祖先归来。也有传说认为，佛祖只会饮用光千屈菜的露水。

可见，光千屈菜是一种与盂兰盆节颇有因缘的神圣之花。

光千屈菜多生长在人烟稀少的地方，在如今的大城市里很难找到。因此，在盂兰盆节期间各地的花店都会摆满光千屈菜。光千屈菜的花朵实在惹人怜爱，人们还特意培育了观赏品种。

光千屈菜不仅能为祖先英灵和佛祖解渴，更是很多昆虫的心头好。光千屈菜花美蜜甜，蝴蝶、蜜蜂等多种昆虫都对其钟爱有加。不过，光千屈菜吸引昆虫前来并非为了施舍，而是为了传粉。

光千屈菜生长于阡陌之间，稻田里也能见到其他千屈菜科的植物。

例如，多花水苋菜、长叶水苋菜和翼茎水丁香。多花水苋菜、长叶水苋菜与光千屈菜很相似，但体形要更小而不起眼，也被称为“姬光千屈菜”[40]。翼茎水丁香的花朵上有黄色斑点，花茎悬垂如鳍，模样酷似田牛蒡（假柳叶菜），因此被命名为“鳍田牛蒡”[41]。

40　多花水苋菜的日语为「ヒメミソハギ」，长叶水苋菜的日语为「ホソバヒメミソハギ」，其中「ヒメ」意为“姬”。

41　翼茎水丁香的日语为「ヒレタゴボウ」，日文汉字写法为「鰭田牛蒡」。

上述几种植物中，只有多花水苋菜原产于日本，长叶水苋菜和假柳叶菜都是从美洲传到日本的归化植物。这两种归化植物原本生于湿地环境，来到日本后却意外地移居到了一种全新的湿地——水田中。或许是由于环境的改变，它们无法像其他水田杂草那样繁茂生长，只能在田畦间与休耕田中默默无闻地生活。

外来植物绽放于古老的日本水田之中，这样兼容并包的景象想必会令我们的先人大为震惊吧。

水边的野草

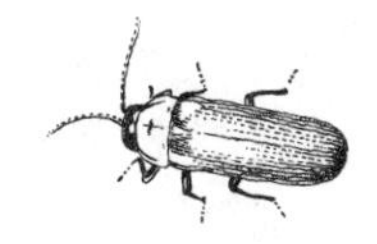

水孕育了生命，是万物之源。日本雨量充沛、水源丰富，全国各地散布着众多湿地和其他水体。在农村，人们修建了蓄水池和人工河给稻田引水。充沛的水源造就了水草和水边植物的群落，蜻蜓、萤火虫和青蛙等动物生活于其中，形成了令人怀念的乡野风景。

皱果薹草

笠菅 莎草科　　　科学技术无法匹敌

说起“伞”，现代人会想到洋伞，古人则会想到像帽子一样既能挡雨又能遮阳的斗笠，也就是民间故事《斗笠地藏》[42]中老爷爷给地藏菩萨戴上的那种斗笠。斗笠中有一种菅笠，就像童谣《采茶》的歌词“茜色襷[43]，戴菅笠”中唱到的那样。菅笠在过去十分常用，插秧女们在插秧时就经常佩戴。

斗笠的原材料很多，包括稻草、灯心草和竹子等，但编织菅笠一般会用皱果薹草。薹草本就是斗笠的原料之一，久而久之，用于制作斗笠的薹草就被称作皱果薹草，也就是“伞菅”[44]。皱果薹草一般生长于田间小路和潮湿之处，但也有人工栽培用以制作斗笠的水田种。

皱果薹草在农活繁忙的夏季收获，一般会放置到冬天干燥后再编织成斗笠。说起来，《斗笠地藏》中的老爷爷也是为了买新年的年糕才去卖斗笠的。

皱果薹草适合用来制作斗笠是有原因的。

42　《斗笠地藏》（笠地蔵）是日本民间故事，也有《戴斗笠的地藏菩萨》等译名，讲述了一对善良贫穷的老夫妇在雪天为路边的地藏菩萨佩戴斗笠，最后获得地藏菩萨报恩的故事。

43　襷是日本人在劳动时用于束缚和服袖子的带子。

44　皱果薹草的日语为「カサスゲ」，汉字写作「傘菅」，即“伞菅”。

皱果薹草是莎草科植物。普通植物茎的截面呈圆形，易弯曲，且能通过弯曲来承受外部压力，但是莎草科植物茎的截面多为三角形，不易弯曲且十分结实。三角形是边数最少的多边形，在横截面积相同的情况下最能承受外部压力，这也是铁桥和铁塔搭建的原理。外侧覆盖着的强韧纤维也使莎草科植物的茎更加结实。这种坚韧的纤维非常适合用于编织斗笠。另一种莎草科植物——纸莎草（Papyrus）同样拥有能够增强茎韧度的纤维，很适宜用于造纸，也因此成了英语中“纸”（paper）的词源。

莎草科植物凭借其强韧的三角形茎大放异彩。但是，为什么莎草科之外的植物很少见这种三角形构造呢？

在圆形茎中，从中心到各个方向的距离是相等的，因此水可以以恒定的压力到达每一处细胞；但在三角形茎中，中心到各个方向的距离各不相同，水也就难以遍布所有角落。正因如此，包括皱果薹草在内的莎草科植物大多喜欢生长在水分充足的潮湿地区。

虽说没有塑料和合成纤维的古人不得不用植物的茎制作雨具，但用植物茎秆编织的斗笠真的能挡雨吗？

一开始，下雨时会被淋湿的只是斗笠的外侧，雨滴会顺着被淋湿的皱果薹草茎秆流出斗笠，因此内部并不会渗入雨水。听上去似乎还是防水塑料更能挡

雨，但假如用塑料包装绳编织斗笠的话，雨滴大概会被塑料反弹到包装绳的缝隙中并向里渗透。

皱果薹草茎编织的斗笠同样有缝隙却并不会漏雨，而且还能保持良好的通风，使斗笠内部不会像乙烯基雨披那样闷热。斗笠看似简陋，但其所拥有的卓越机能就连现代科学技术也望尘莫及。

丘角菱

菱 菱科　　　忍者手中握

“撒菱”是忍者在躲避追兵时撒在地上的一种工具，浑身遍布尖刺，是有效的伤敌利器。

古时的忍者会将丘角菱的果实当作武器，撒菱的原型和名称便是来源于此。

丘角菱的果实很轻，漂散在水中时能用两根形状怪异的尖刺抓在水鸟的身体上“搭便车”，或者缠绕着停靠在岸边的植物上。忍者们用来作武器的正是这尖锐的利刺。

说起撒菱，自然会联想到古装剧中的铁菱。但其实在古时候，铁价偏高且沉重、不易携带，远没有丘角菱果实便利。

况且，撒菱的妙用远不止防身。丘角菱果实可食用且富含淀粉，也是忍者在紧急情况下的理想应急食物。

丘角菱的果实十分美味。丘角菱果实里只有一颗种子，但剥去硬壳后的胚乳部分气味香甜，蒸煮后有栗子的味道。在过去，丘角菱有各种各样的吃法，比如混在米中蒸饭或磨粉制成年糕等。

女儿节时用来供奉雏人偶的菱饼最初也是用丘角菱果实制作的。人们常说，丘角菱果富含淀粉、营养价值高，还有着滋补身体、健胃和促进消化等药效，比起谷物更能让人长寿。丘角菱也因此被尊崇为仙人的食物，用丘角菱做的年糕则有祈祷孩子健康成长的美意。

现在的菱饼是用糯米做的年糕，与丘角菱并无关系，但“菱”这个字最初的含义正是“丘角菱的形状”。“丘角菱”因与四角形压扁[45]后的形状相似而得名，反过来，这种形状也因与丘角菱果实相似而被称为“菱形”。

但是，上述内容中有一个奇怪的地方。

丘角菱果的两根刺是向两侧突出的，被撒到地上后只会横着倒下，刺会和地面平行，无法使踩上去的人受伤，似乎并不适合作为撒菱使用。与此相对，铁菱的刺不仅数量多，而且向四个方向立体伸出，所以撒在地上后一定会有一个刺向上，可以伤敌。

其实，忍者使用的一般不是普通的丘角菱，而是同属菱科的鬼菱。不同于丘角菱，鬼菱有四根刺，因此撒在地上后会有一根刺正好指向上方。

鬼菱的果实不仅有四根刺，而且体形大而邦硬，颇为骇人。还有朱红色的品种，模样就如恶鬼一般。

遗憾的是，在一些地域，丘角菱和鬼菱因蓄水池和湖沼的开发而面临着灭绝的危机。但同时，也有丘角菱和鬼菱在水中疯长以至于阻碍水鸟和其他水生生

---

45 日语中“压扁”一词为「ひしげる」，“丘角菱”的日语「ひし」（ヒシ）来源于此。

物生存的例子。

丘角菱从水底将茎伸到水面上铺开叶子，因此不适宜在深水区生长，一般常见于靠近岸边、水深较浅的地方。从前，人们会时不时进行“除泥”作业，抽干蓄水池后除去底部淤泥以保持水深。现今，该项作业由于人手不足等原因难以进行，池中淤泥越积越多，蓄水变浅，这便给了丘角菱大肆繁衍的可乘之机。

人与自然曾经保持着恰到好处的平衡。不论人类是不断开发大自然，过度干预外界的生长，还是对大自然放任不管、停止一切干预，这微妙的平衡都会被打破。

丘角菱和鬼菱的非正常繁衍正是因为失去了生长的平衡，想必它们会为沦落至此而感到不平吧。

灯心草

蔺草 灯心草科　　　　点亮大和的心之火

日语中最长的植物名称要数大叶藻的别名“龙宫之姬掉落的发绳”（リュウグウノオトヒメノモトユイノキリハズシ），这个冗长的名称描绘的是大叶藻的叶子被冲到岸边的模样。

日语中最短的植物名称则是灯心草的别称：单字一个“蔺”（イ）。不过太短的名字似乎不便理解，于是通常再缀一个“草”字组成“蔺草”（イグサ）。

在古代，还有其他单字的植物名称。

例如，白茅在古代被称为「チ」，但由于不便最终加上“茅”（カヤ）组成了白茅（チガヤ）；还有一种植物叫「キ」，也就是现代的葱，人们将葱白色的茎视作根，因此根能食用的「キ」就成了「根葱」（ネギ）。叶子能食用的葱则被称为「菜葱」（ナギ），即现在所说的鸭舌草（コナギ）。此外，朴树从前被称作「エ」，后也因不便被改为现在的名字（エノキ）。

不论过去如何，在现代日语中还拥有单字名称的植物就只剩下“蔺”（イ）一个了。

茎秆细长的灯心草本是一种生长在湿地等环境中的野生植物，但自古就作为榻榻米和凉席的原料被人们改良和栽培。榻榻米是日本独有的文化。日本整体

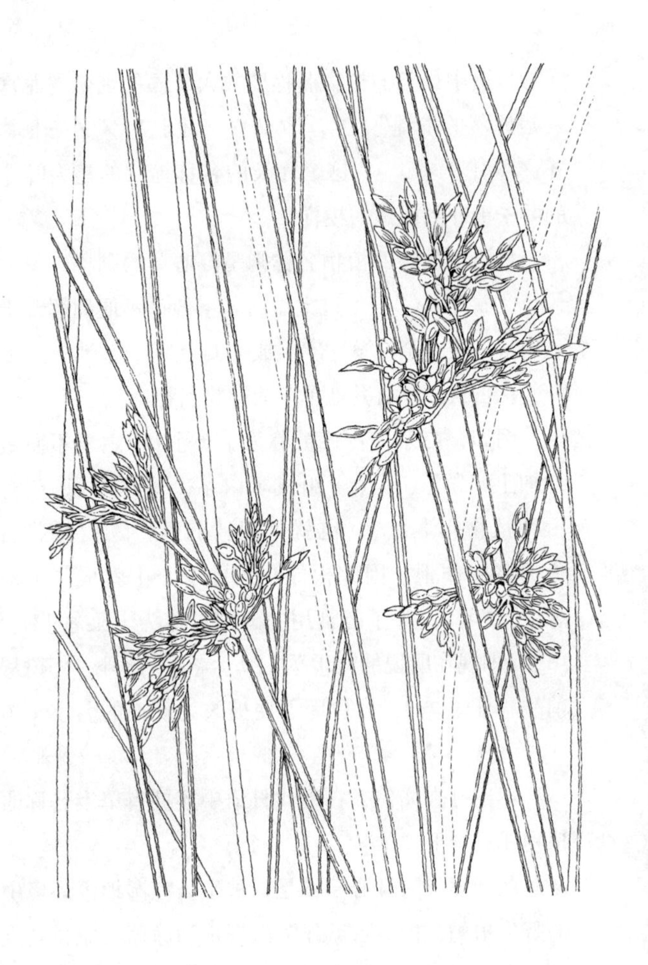

湿度较高，因此吸湿性能好的灯心草便成了制作榻榻米的绝佳材料。随着生活方式的不断西化，铺设榻榻米的日本家庭越来越少。但无论在什么时代，只要在和室中躺下，榻榻米表面的香气和触感都会让人倍感清爽。榻榻米从前是、将来也会一直是日本人的心头所爱。

灯心草的茎像针一样细长，退化后的叶子被包裹在茎根下的叶鞘中。

灯心草的茎外侧坚硬，内部呈柔软的海绵状，这样的构造使得灯心草制成的榻榻米拥有一定的弹性和吸湿性。灯心草茎内部的海绵状芯有吸油的特性，因此在古代也被用作行灯的灯芯，“灯心草”一名正是由此而来。

不可思议的是，每逢夏天，灯心草会从茎的中间长出花朵。“茎上开花”听起来似乎有些怪异，但其实只有根到花的部分是茎，上面则是包裹花朵的叶片，即花苞。一般植物的花苞因为退化而长得很小，但灯心草的花苞却和茎一样发达且细长。

灯心草是靠风传粉的风媒花，花朵朴素而低调。

然而，这样不起眼的灯心草也是有花瓣的。灯心草由小花聚集形成一个花序，一朵花上留有六片花瓣的痕迹。一般而言，植物的花是从没有花瓣的风媒花进化为虫媒花的，但灯心草比较特殊，是由虫媒花重新进化而来的风媒花，因此留下了花瓣的痕迹。

灯心草低调的花朵由三片相当于花瓣的内花被和三片相当于花萼的外花被共同构成，和百合花的构造大致相同。因此，有观点认为灯心草是由百合科植物进化而来的。

虽然灯心草不像百合花那般美丽动人，但多亏其舍叶保花的英明决断，日本人才得以享受榻榻米上的舒适生活。

水蓼

柳蓼 蓼科　　　　萝卜青菜各有所爱

日本有句谚语："就连蓼都有虫子爱吃。"

这句谚语的意思是"蓼那么辣都有虫子喜欢吃，人的爱好也是萝卜青菜各有所爱"。食用富含辣味的蓼会使口腔发炎溃烂，"蓼"[46]这一名称正是来源于此。蓼也分为不同种类，并非所有品种都像谚语中的水蓼那般辛辣。

水蓼的外观在蓼中不算有特色，但却很好辨认：水蓼在咀嚼时会产生一种非常刺鼻的辣味，因此只要撕下一片叶子嚼一嚼，就能轻易分辨出水蓼。水蓼的辛辣味源自水蓼二醛——一种可以抵御昆虫伤害的防御物质。

但是，也有虫子偏爱这种含有辣味防御物质的水蓼，比如，口味独特的蓼虫。与水蓼一样拥有化学防御物质的植物不在少数，但昆虫也不会输给生存的重压：它们逐渐演变出了能化解植物防御物质的解毒代谢。植物与昆虫就这样如此往复，"道高一尺，魔高一丈"，在物竞天择的生命游戏中共同进化。

46　日语中"溃烂"一词为「ただれる」，"蓼"的日语名称「タデ」与其相似。

面对植物种类各异的防御物质，昆虫必须有的放矢。但反过来说，只要能克服其中一种防御物质就能安全食用相对应的植物了。专门食用特定植物的昆虫有很多，就像只吃油菜科植物的菜粉蝶青虫一样。被骂为“蓼食虫”的蓼虫也一样，只要克服了水蓼二醛，吃蓼的风险就比其他植物低得多。

水蓼为自保而产生的辣味不仅吸引了蓼虫，也吸引了热爱美食的人类。人们发明了食用水蓼的各种方法，例如，在吃金枪鱼刺身时配上被称为“芽蓼”的红色双叶水蓼芽，或者在盐烤鱼等料理上浇上水蓼叶子擦丝制成的蓼醋。

早在平安时代，水蓼就被用作香辛料。人们将水蓼称为“真蓼”，以区别于其他没有辣味的蓼，甚至还对其进行了改良和栽培。不过，人们食用水蓼不仅仅是出于味道。水蓼的辣味成分具有抗菌作用，能够保护植物不受病原菌的侵害，还能防治食用生鱼和青鱼引起的食物中毒。另外，水蓼的辣味成分对人体而言也是一种微弱的有毒物质，代谢这种物质可以促进胃液的分泌，从而增进食欲。

除去叶子外，水蓼的果实也有辣味，可以起到保护种子的作用。在欧洲，水蓼果实有时会被用来替代昂贵的胡椒，水蓼的学名在拉丁语中就有“水边胡椒”的意思。水蓼的用途如此广泛，但其在野外的分布其实相当稀少。相比之下，没有辣味也没有用

处、被蔑称为“人不食的犬食蓼”的长鬃蓼其实更受欢迎，其粉红色的可爱花朵被孩子们亲切地称为“红豆饭”。人类的喜好变化多端，就连水蓼也难以揣测，真可谓萝卜青菜各有所爱。

薏苡

数珠珠 禾本科　　　　美丽泪珠为何流

薏苡的果实又黑又亮、质地坚硬，形状像珠子一样，因此也被称为“数珠珠”。在过去，人们曾用薏苡来制作念珠。

女孩子们喜爱花花草草，经常摆弄薏苡，她们会像穿珠子一样把薏苡的果实穿起来做成项链和手镯。

薏苡的果实有一层硬壳，这层硬壳上有一个正好可以用来穿线的小洞。这简直像是为女孩子们特意准备的一样，为什么会如此凑巧呢?

其实，这并不是果实，而是包裹花朵的叶鞘变形而来的坚硬总苞。薏苡通过总苞长穗并开花，适合用来穿线的小孔实际上是开花时穗子留下的生长痕迹。

薏苡的穗分为雄小穗和雌小穗，顶端长有雄花，这样能够让花粉随风飞走；雌花长在基部，被保护在总苞中，且需要将绳状雌蕊从总苞上的小洞中露出以便授粉。

有些植物在开花后会面临自花授粉带来的近亲繁殖风险。对此，植物们想出了各种各样的规避方法，例如，错开雄花和雌花的开花时期等。薏苡是雌性先熟植物，其雌花更早开放，雄花则会等到雌花结束受粉、开始枯萎的时候再成熟并散播花粉。这样一来，

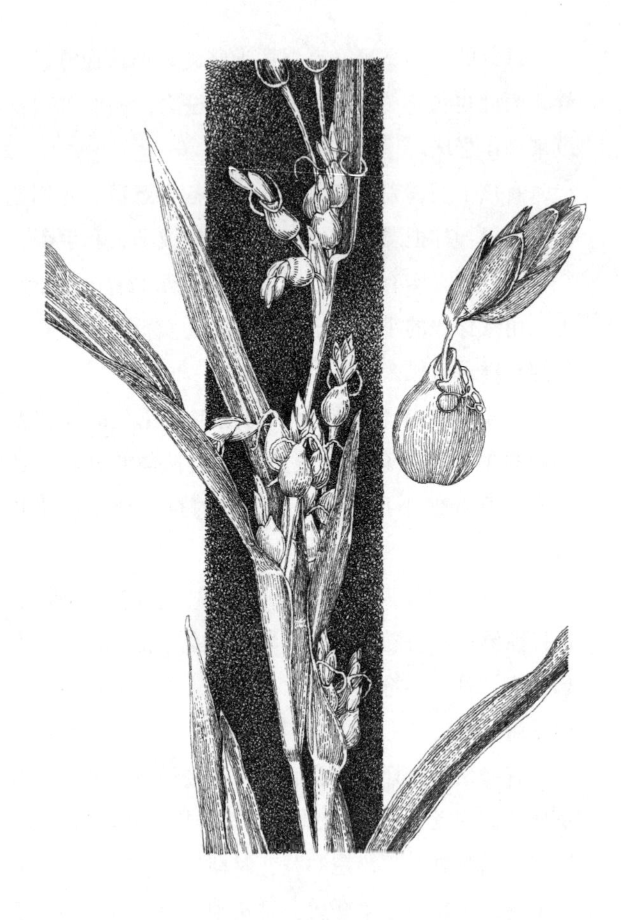

便能避开近亲交配，实现异花授粉。

在这之后不久，结束受粉的雌花会在坚硬总苞的保护下成熟。

薏苡果实被硬壳呵护着长大，其味道想必十分鲜美。禾本科植物的叶子和茎很坚硬，不像蔬菜和野菜那样能够食用。但是，人类自古就善于发掘植物果实的营养价值，禾本科植物也不例外：现在常见的稻子、麦子和玉米等作物均属于禾本科。

我们熟知的“杂粮”其实也是禾本科植物。小米由狗尾草培育而来，燕麦则是从麦田里的杂草——野燕麦改良而来的。

台湾薏苡是由薏苡改良栽培而来的品种，在植物学上和薏苡是同一物种。台湾薏苡和薏苡很相似，但其总苞是茶色且柔软的，不像薏苡那样黑而硬；此外，薏苡的花序向上攀附着生长，台湾薏苡的花序则是下垂的。

薏苡和台湾薏苡所属的种名被称为“约伯的眼泪”。约伯是《圣经·旧约》中《约伯记》的主人公，其在承受了信仰与苦难的考验后仍坚定地仰望上帝。薏苡总苞的美丽光泽和形状像极了约伯顺着脸颊流下的泪珠。

薏苡果实的夺目光泽的确堪比约伯的崇高的眼泪。然而，且不说台湾薏苡，薏苡虽闪耀着来之不易的光辉，却还是免不了被孩子们拿来玩弄的命运。看来，约伯的泪滴至今仍在不为人知地流淌着。

杂木林中的野草

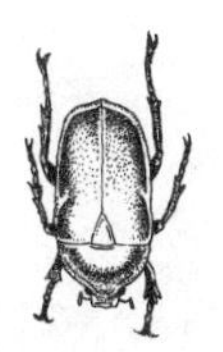

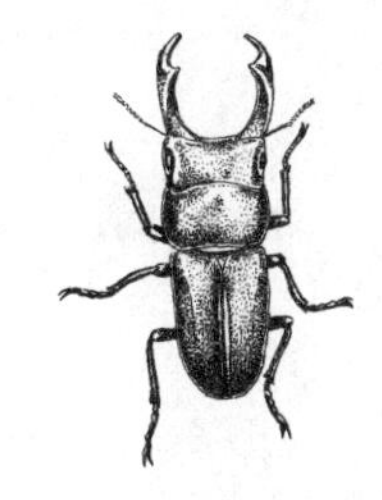

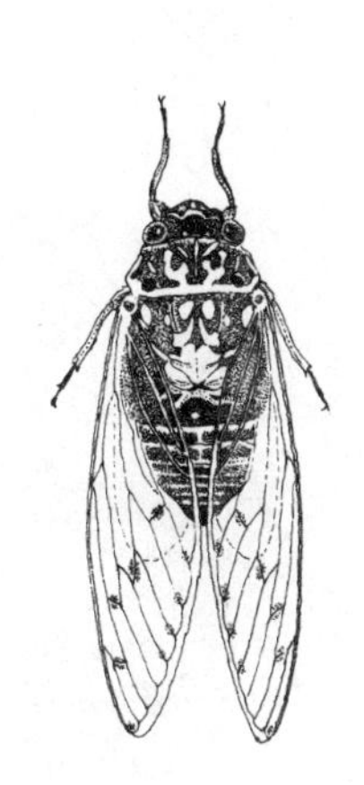

杂木林曾是人们砍树烧炭、砍柴烧柴和收集落叶作肥料的地方。这里树木稀疏、光线充足，生长着很多罕见的野生植物，环境与光线昏暗的密林大相径庭。杂树林里聚集了各种各样的生物，包括许多喜光的野花，形成了一种独特的、人与自然共存的环境。

蜂斗菜

蕗 菊科　　　　可爱的春之使者

春暖乍寒之时，蕗薹便早早从地里探出了头。蕗薹是蜂斗菜的小花芽，以其清苦的香味受到人们的喜爱，常用来制作天妇罗和炖菜。不仅是蕗薹，春天的其他山菜和野草也都带有独特的苦味，难怪自古日本就有“春天的料理要带点苦味才行”的说法。

蕗薹等山菜的苦味是为了保护新芽免遭害虫侵食。苦味对人类而言有微弱的毒性，在食用苦味后，人体为了排毒会进行活跃的代谢，这有助于提高冬季期间降低的新陈代谢。

人类的舌头是用来判断食物安全与否的传感器。水果中含有的糖分是人体重要的能量来源，因此舌头会将糖分识别为令人愉悦的甜味传递给大脑；而腐烂的食物会被识别为刺激大脑的“酸味”，有毒的东西则被识别为“苦味”。

蕗薹有雄株和雌株，二者很好区分：雌株开白花，带有花粉的雄株则开淡黄色花。

雌株的工作十分辛苦，它需要在花期结束后发育茎秆，将种子撒向远方。蜂斗菜是种子像蒲公英一样毛茸茸的菊科植物，雌株会努力将茎伸长，好让棉毛种子能够乘风而行。

蜂斗菜可食用的部位不仅有花芽处的蕗薹，还包

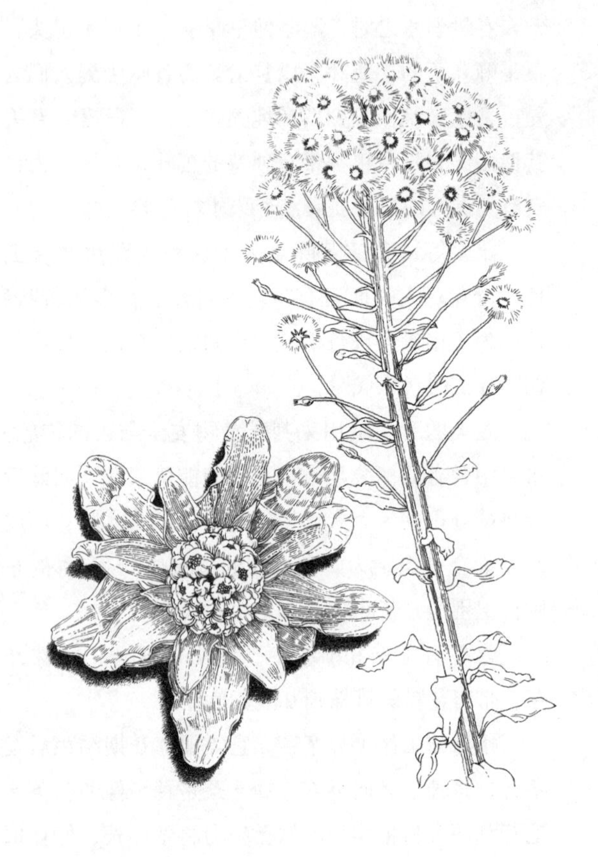

括长成叶柄的茎部，它是少数自古以来就被栽培的日本原产蔬菜之一。

作为传统的日本蔬菜，蜂斗菜很适合用来烹制炖菜等乡土料理，但偶尔也有用糖渍蜂斗菜代替香草装饰蛋糕的做法。这么看来，爱吃蛋糕的年轻女孩其实也吃了不少蜂斗菜。

蜂斗菜的叶子以肾形为特征，看上去像被切去一部分的圆形。每逢下雨，落在盘状叶子上的雨水会从叶子的缝隙中顺着叶柄往下流，一直落到根部，从而起到集水的效果。

在没有纸的过去，人们会用柔软的蜂斗菜叶来代替卫生纸。“蜂斗菜”的语源有各种说法，其中一种便认为是源于擦拭秽的“拭”[47]字。如此说来，“蕗薹”（フキノトウ）的名字也来源于此，这听来还真让人食欲大减。另外，蕗薹在日本东北地区的别称「バッケ」和「バンケ」似乎也与厕纸有关。

不过，也有说法认为日本东北方言中的「バッケ」来源于阿伊努语。在阿伊努传说中有一种叫“克鲁波克鲁”（コロポックル）的小人神。“克鲁波克鲁”意为“住在蜂斗草下的居民”，听起来给人一种娇小的感觉，但生长在北海道和东北的蜂斗草其实是叶柄长度高达两米的大型秋田蜂斗草。秋田蜂斗草的

---

47 日语中“擦拭”的说法为「拭く」（フク），与“蜂斗菜”的日语「フキ」发音相近。

叶子大到能供成人避雨，要想居住在下面也不是没有可能。还有一种说法认为，克鲁波克鲁的真身是被阿伊努人迫害的原住民。

虽然不知道克鲁波克鲁是否真实存在，但总感觉传说中的小精灵正躲在小蕗薹旁窥视着人类的世界。春之原野就是这般如梦似幻。

辽宁侧金盏花

福寿草 毛茛科　　　　于严寒中得春

辽宁侧金盏花又名“元旦草”，但其并非在一月一日，而是在二月，即阴历的正月开花。

正如前文介绍碎米荠时提到的那样，明治时期以前的日本历法是基于月亮的阴晴圆缺而制定的阴历，即所谓的农历。明治五年（1872年）十一月九日，新政府根据国际标准废除了阴历，改行阳历，以当年的十二月三日作为明治六年（1873年）的一月一日，这就是现代所使用的新历。新历和旧历大约有二十到五十天的偏差。日本文化自古以来基于旧历形成，因此在使用新历的当下可能会产生一些出入。

新历3月3日，即日本女儿节（又称“桃花节”）时桃花还未开放，但阴历三月（现在的四月上旬到中旬）就正逢桃花的花期。新历5月5日端午节时菖蒲叶尚未长成，更见不到菖蒲花开。“五月雨”“五月晴”，以及六月的旧称“水无月”皆与梅雨相关。新历六月前后直至七月七日的七夕也正处于梅雨时节，自然很难眺望到银河，但旧历中的梅雨在此时却已结束。同样被视作新春，旧历的元旦的确能在寒冷中感受到即将来临的春之气息，而新历的元旦却正值严冬。因此，人们按照旧历时节将早春开花的辽宁侧金盏花称为“元旦草”。

辽宁侧金盏花在寒冬中破雪而出，绽放出春意盎然的一抹鹅黄，因此也被人冠以“福寿草”这一喜庆的别称。

辽宁侧金盏花在早春绽放是为了吸引昆虫协助自己受粉。诚然，多数昆虫会在天气变暖后才活动，但此时花朵的数量也会激增，竞争会变得格外激烈；相较之下，还是竞争对手更少的寒冬时节更适合开花。

话虽如此，在寒冷中吸引昆虫也并非易事。

牛虻是能为辽宁侧金盏花传粉的昆虫之一。正如前文所述，早春活动的牛虻偏爱黄色，因此春天的野花多以黄色花朵吸引牛虻，辽宁侧金盏花也不例外。但辽宁侧金盏花缺少昆虫喜爱的花蜜，因此只能另想他法。

卫星广播接收机中使用的带盘形反射镜的副天线有着独特的结构，能将电波汇集到中央的接收机上。辽宁侧金盏花的花朵也是类似的构造，只不过收集的不是电波。

辽宁侧金盏花有着像抛物面天线一样漂亮的碗形花，花朵中央能够聚集阳光，中央的温度比外部高出10摄氏度左右。花朵中部还长着雄蕊和雌蕊，牛虻被高温吸引而来后便会沾上花粉。在身体温暖后，牛虻就会带着一身花粉飞向下一朵花。

虽然辽宁侧金盏花被视作春的使者，但遗憾的

是，随着环境的变化与人类的过度采摘，野生辽宁侧金盏花的数量大幅减少，甚至面临灭绝。看来，辽宁侧金盏花的春天还远远未至。

猪牙花

片栗 百合科　　　　短暂生命的真相

制作八宝菜等中华料理时会使用片栗粉勾芡。市面上出售的片栗粉是由植物淀粉制成的。当淀粉与水一同加热时，淀粉粒会吸水并膨胀成糊状物质，这便是片栗粉勾芡的原理。

片栗粉指从猪牙花的鳞茎上提取的淀粉，其名称也是来源于此[48]。“猪牙花”则是因其鳞茎的形状像栗子的碎片而得名[49]。

到江户时代为止，淀粉的种类除了用猪牙花制成的片栗粉，还有野葛制成的葛粉和蕨菜制成的蕨粉，前者用来制作葛饼，后者则是制作蕨饼的原料。

然而，现在的片栗粉是以淀粉含量较高的土豆为原料制成的，葛粉和蕨粉的原料也分别换成了土豆和番薯。如今已经无法用猪牙花这样的野草来大量、低价生产淀粉了。

现今依旧留存少量古法制作的葛粉和蕨粉，但再也无法见到猪牙花制作的片栗粉了。毕竟，猪牙花的数量近年来不断减少，现在已被评估为濒危物种。

48　“猪牙花”的日语名称为「カタクリ」（かたくり），“片栗粉”的日语为「かたくりこ」，「こ」为“粉”的意思，「かたくり」指猪牙花。

49　“猪牙花”的日语「カタクリ」也可写作「片栗」，有“栗子碎片”的意思。

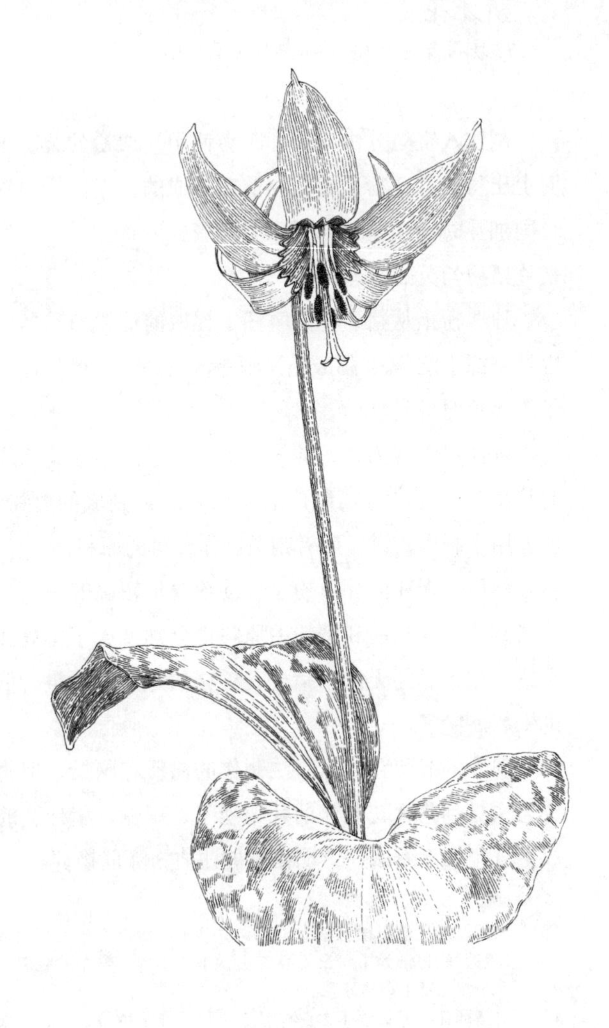

猪牙花也被称为“春之妖精”。

到了春天，猪牙花悄悄绽放出低垂的淡紫色花朵，模样可爱而优雅。猪牙花在早春短暂地开花，并随着春天的结束如梦幻般地消逝，就像代表“妖精”的“ephemeral”[50]一词一样，虚幻而无常。

猪牙花靠埋在土中的鳞茎过冬，在早春率先开花并在天气转暖时彻底凋谢。春天，猪牙花用叶子进行光合作用并将养分储存在鳞茎中；夏天叶子枯萎后，猪牙花会进入休眠状态并靠鳞茎中的养分熬过冬天。就像这样，猪牙花一年中仅有不到两个月在地面上活动，剩下的大半时间都在土中沉眠。

这种短时间活动的生存方式很适合猪牙花这样生长在杂木林中的“春之妖精”。一是因为夏天的杂木林枝叶繁茂、阴凉成片，不像春天时那样阳光和煦；二是其他体形更大的植物长成后会抢占小花草的生存空间。所以猪牙花选择在竞争对手较少的早春时期开花，并且通过光合作用积蓄养分。

但只靠短短两个月的时间难以积蓄足够养分，这导致猪牙花需要耗费八九年才能完成从发芽到开花的过程。

猪牙花最初长出的是极小的子叶。通过子叶进行的光合作用只能积累少量养分，但这已足够猪牙花在

50　英文单词“ephemeral”的本意为“短暂的、朝生暮死的”。

来年孕育出新的叶片。就这样，猪牙花持续着投资叶片换取养分的循环，并最终在八九年的努力后成功开花。看似无意绽放的小花也历经了千辛万苦。

莫要嘲笑这短暂的生命，如梦幻一般的小小花朵是猪牙花积年累月不懈努力的结晶。

日本百合

笹百合 百合科　　　　日落时分美更胜

人们听到“小百合”这个名字会联想到什么样的女性呢？

大概是像女演员吉永小百合那样的清秀佳人吧！

在日本本州中部到西日本一带的山间杂木林中就盛开着一种与这一形象十分相称的“小百合”，其淡粉色花朵低垂盛开的样子就像日本女性那样娴静动人。

这种“小百合”原产于日本，现在被称为“日本百合”。日本百合的名字来源有多种说法：一说是因为其叶子形似赤竹叶；二说是因为其通常和赤竹[51]一同生长。此外，日本东北到北陆地区一带还分布着日本百合的近缘种“姬小百合”。

虽然日本百合不像铁炮百合和香水百合那样华丽雍容，但其独特的清秀与凛冽却撩拨着日本人的心弦。

小百合的假名写作「さゆり」，作为女性名字时多写作“小百合”或“早百合”。那么，「さゆり」中的「さ」又是何含义呢？

正如介绍碎米荠时提到的那样，「さ」自古就被

51　日本百合的日语名称为「ササユリ」，与赤竹的日语名称「ササ」相近。

用来指代稻田之神，很多与其相关的词都有类似含义。例如，稻苗被称作「早苗」(さなえ)，种植早苗的年轻女性是「早乙女」[52](さおとめ)，种植早苗的时期则被命名为皋月（さつき，即5月）；另外，人们相信神明会在插秧时降临人界，因此开始插秧时会用“神降”仪式（さおり）迎接神明到来，插完秧后再用“神登”仪式（さのぼり）恭送神明离去。

其实，日本百合也和稻田颇有渊源，其因在6月插秧时开花而得名。在有的地域，日本百合也被用作象征插秧季节到来的插秧花，在庆祝插秧结束的“早苗宴”（さなぶり）上也能吃到日本百合和姬小百合的球根。

除美艳的花色外，甜蜜的芳香也是日本百合的魅力之一。日本百合在傍晚时会散发出浓烈的香味，将夕阳映照下的杂木林浸染得馥郁而芬芳。

为什么日本百合在傍晚时分的香味最为浓郁呢?

日本百合开花并非为了取悦世人，而是为了用美丽的花瓣与芳香来引诱昆虫为其传粉。当夕阳尽染的天空重归夜幕，一种名为天蛾的蛾子便会飞向日本百合的花朵。日本百合不是由蝴蝶和蜜蜂来传粉的，而是由天蛾为其传粉的。天蛾的活动时间为傍晚到晚上，因此日本百合的花香在这段时间尤为强烈。日本

52　日语中的「乙女」（おとめ）是“少女”的意思。

百合淡粉色的花色也是为了更好地吸引天蛾，因为在黑暗的环境中，淡粉和白色比起红色要更加显眼。昏暗的杂木林中，淡粉色百合花朵若隐若现，有着梦幻一般的朦胧美感。

日本百合美丽的花朵中也蕴含着多种智慧。天蛾在吸取花蜜时会将长吸管一样的嘴伸入筒状花朵的深处，在这个过程中，日本百合突出的雄蕊和雌蕊便会在天蛾的身上沾满花粉。

我曾听一位老人说过，过去的山坡上盛开着漫无边际的百合花海。但如今，日本百合的数量正在不断减少，幻化为泡影之梦，随即消逝。

大花杓兰

敦盛草 兰科　　　　平家物语的结局

在一之谷之战中败北的平家众人逃到了船上。

熊谷次郎直实[53]发现了一个骑马奔向海边的武士，他冲对方喊道："你看上去是位大将军，难道要临阵脱逃吗！快回来！"马上的武士听闻转过身来。二人交战，直实将武士制服。为取其首级，他摘下对方的头盔，才发现这是个和自己儿子年龄相仿的年轻武士。直实不忍取其性命，但出于敌对关系只得哭着砍下年轻武士的首级。这位年轻武士的名字是平敦盛[54]，年龄17岁。在这之后，直实为了吊唁敦盛的灵魂而出家。

由《平家物语》中的"敦盛之死"改编而来的歌舞伎和能剧广为人知。在植物界也有以这个故事命名的花朵，那便是扇脉杓兰和大花杓兰。扇脉杓兰和大花杓兰都以袋状的膨胀花朵为特征，人们将它们袋状

53　熊谷次郎直实（くまがい じろう なおざね），日本平安时代末期至镰仓时代初期武将，原仕从平家，但后改为臣从源赖朝，成为镰仓幕府的御家人。

54　平敦盛（たいら の あつもり），平清盛之弟，日本平安时代末期武将。正文所述"敦盛之死"的内容是《平家物语》中的经典桥段。

的花瓣比作武士被风吹起的膨胀母衣[55]。这两种花给人的印象稍有不同：强有力的花被命名为“扇脉杓兰”，纤细柔和的花则被称为“大花杓兰”。另外，据说源家的白旗和平家的红旗上分别印着白色的扇脉杓兰花朵和红色的大花杓兰花朵。

扇脉杓兰和大花杓兰膨胀的花瓣看上去颇为奇特。武士在驰骋时需要用迎风胀起的母衣防御背后的流矢，但花朵又何至于如此呢？

扇脉杓兰和大花杓兰同属兰科。兰科植物的花朵颜色艳丽、左右对称，下侧的花瓣长得更大，被称为唇瓣。发达的唇瓣可以让兰花的花朵看起来更加显眼，从而吸引蜜蜂等昆虫。另外，对蜜蜂来说，唇瓣既是花蜜的象征，也是降落时的着陆点。

兰花的唇瓣能够将兰花装点得更加美艳动人，扇脉杓兰和大花杓兰的大袋状花瓣就是由唇瓣生长而来的。由蜜蜂传粉的花为了避免别的昆虫捷足先登，会将花蜜藏在花朵的深处等待蜜蜂潜入。扇脉杓兰和大花杓兰的唇瓣前方有个孔洞，就像花的入口一样，大小正好可供熊蜂钻入。熊蜂看到孔洞后便会按照天性钻入其中，但孔洞的深处不仅没有花蜜，还是可

55　母衣（ほろ），是日本武士装备在身上的一种护具，即用竹制骨架将布幔撑出的大球穿戴在背后。穿着母衣驰骋时母衣会被风吹鼓而膨胀，从而起到防御流矢的作用。颜色明显的母衣亦可用来区分敌我。

进不可出的特殊构造。发觉被骗的熊蜂在寻找逃生出口时会向有光的上方移动，攀爬着唇瓣内侧的柔毛逃出生天。在这一过程中，熊蜂会遇到藏在这条“逃生通道”上的雄蕊和雌蕊，并在不知不觉中帮助花朵授粉。但是，为了完成授粉，必须让沾满雄蕊花粉的熊蜂也沾上雌蕊的花粉，这就需要将其再引诱入花中一次。能将昆虫中数一数二聪明的熊蜂骗得团团转，看得出扇脉杓兰和大花杓兰的智慧也不容小觑。

骄兵必败，正如《平家物语》中写到的那样，源平之战后平家被消灭殆尽；聪慧而充满历史浪漫的扇脉杓兰和大花杓兰也因人们的私自采摘而面临灾难。如今，植物界的“源氏”和“平氏”也已濒临灭绝，真是悲哀。

萝藦

萝芋 萝藦科　　　　传说中的神奇果实

在日本最古老的史书《古事记》中有这样一篇故事：思量着建国事宜的大国主命[56]行走在出云的海岸边，看到波涛上呼啸而来一物。仔细一看，是一个身着蛾皮和服、坐在天之罗摩船上的小神。

这尊小小的神明乃是后来与大国主命一同建国的少彦名[57]，也是一寸法师[58]的原型。

少彦名乘坐的罗摩船其实是萝藦的果实。萝藦的果实裂成两半后，会从内向外弹出带绒毛的种子。待种子飞散离去后，留下的只有像小船一样的果皮。

不过，"萝藦"这个名字听起来倒是颇具异域风情。

遗憾的是，萝藦的语源并不明确，至今仍充满谜团。一种说法认为其源于"弯腰"一词，因为人

56　大国主命（オオクニヌシノミコト），又称"大国主""大国主神"等，是日本神话中的神祇，据传为日本国的建国神。《古事记》《日本书纪》《风土记》等文献中均有对其的相关记载。

57　少彦名（スクナビコナノカミ），又称"少彦名命""少名毗古那神"等，与大国主命同为日本神话中的神祇，相传其与大国主命、出云相遇并一同建国。

58　一寸法师（一寸法師 / いっすんぼうし），是日本传说中的人物，登场于《御伽草子》，其身高只有一寸（约3厘米），故称"一寸法师"。

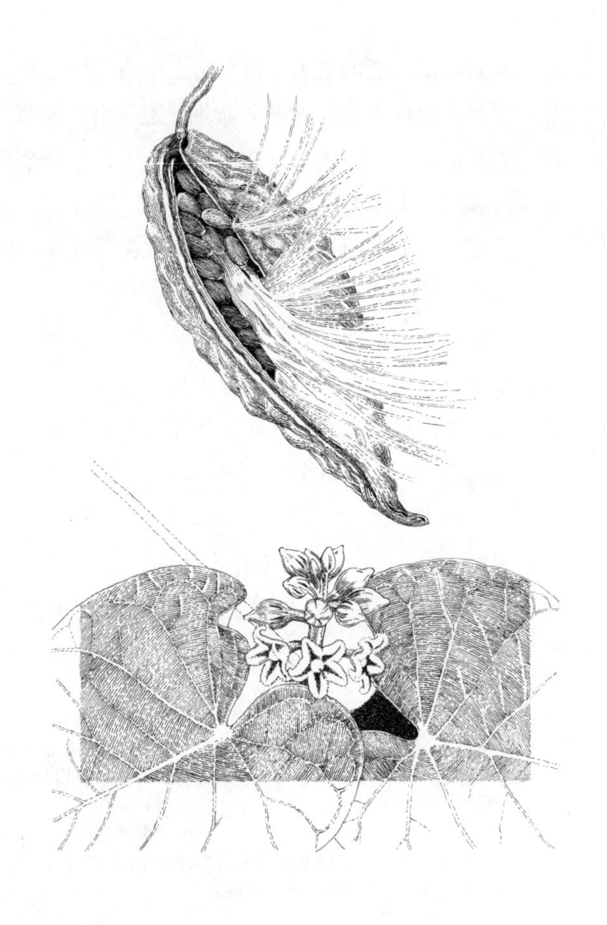

们弯下腰[59]后能看到萝藦的粗茎；另一种说法是源于“镜”，因为萝藦种子的绒毛在阳光下闪耀的样子就像一面镜子[60];此外，萝藦的叶子形似龟壳，因此也有人认为其名源于“龟”[61]的日语。

萝藦也被称为“薯”[62]。但萝藦并非土豆、芋头一样的薯类，这样的名称只是因其果实硕大。

载着神明渡海而来的萝藦不仅果实形状独特，花朵的模样也十分有趣。萝藦长有五片带绒毛的星形花瓣，看上去就像海星一样。

萝藦的花朵由一厘米左右的小花群聚而成。而正是这些小花枯萎后留下的果实长成了十倍之大的“少彦名之船”。

萝藦的果实在成熟后会长出带绒毛的种子。在过去，人们将这种绒毛收集起来，制作缝纫用的针插与红色印泥。

蒲公英毛茸茸的种子需要借助风的力量，但萝藦的种子即使没有风也能轻飘飘地起飞。

---

59 “萝藦”的日文名称为「ガガイモ」（かがいも），“弯腰”的日语为「屈む」（かがむ），二者发音相似。

60 “镜”的日文为「かがみ」，发音与“萝藦”（かがいも）的日语相似。

61 日本一些地区称呼“龟”为「コガミ」（こがみ），这一称呼后讹变为「ガガ」（がが），与萝藦（かがいも）的日语相似。

62 “薯”的日文为「芋」（いも），与“萝藦”（かがいも）日文名称中的「いも」相同。

萝藦种子的绒毛是由丝线一般细的纤维构成的，就像歌舞伎中的“镜狮子”一样白而细长，被称为“种发”。依靠这种又长又轻的“种发”，萝藦的种子在无风环境下也可以长时间飘浮。

日本有一种流传自江户时代的神秘生物——“毛玉”。毛玉看上去就像一个轻飘飘的白色毛球。

神秘生物毛玉的真面目众说纷纭，至今仍没有定论。萝藦种子乘着气流飞舞的样子倒常被人们误认作这种传说中的神奇生物。

萝藦这种植物，越是深入了解就越是被谜所笼罩。这份不可思议不禁让人思索，这神奇的植物或许真的是从异世界漂洋过海而来的吧!

王瓜

乌瓜 葫芦科　　　　藤蔓的尽头是何物

"红通通、红通通，
王瓜的果实红通通，
蜻蜓的背也红通通。"

这是萨摩忠作词的童谣《红通通的秋天》。人们往往会被王瓜艳红的果实吸引目光，却鲜少关注王瓜的花朵。这大抵是王瓜花朵只在夜间绽放的习性所致。

夜幕开始降临之时便是王瓜花朵悄然盛开之刻。王瓜花朵呈洁白匀称的星形，花瓣周围装饰着像白色蕾丝一样的丝状装饰，模样优雅而时髦。

昆虫多在白天输送花粉，但此时花朵的数量繁多，生存竞争也相对激烈；反观夜晚，虽然昆虫的数量较少，但花朵的数量更少，对王瓜等不愿竞争的植物来说正是开花的好时刻。王瓜需要做的是想方设法在黑暗中吸引天蛾来为自己传粉。

就像介绍日本百合时提到的那样，晚上盛开的花朵大多为白色等浅色。就算是显眼的红色到了夜晚也会变得黯淡，但黑暗中的白色却显得格外鲜艳灵动。

一般来讲，花朵越大越显眼，但把花朵养大的成本也十分高昂。对此，王瓜采取了十分机智的对策：用像蕾丝一样纤细多变的花瓣来衬托花朵，使整朵花看上去更大、更显眼。

王瓜的花蜜藏在长筒状的根部深处。天蛾的口器像吸管一样细长，且能够悬空静止取食，因此能够独享王瓜的花蜜。

王瓜雌雄异株，雌花和雄花分别盛开。雌株能够结出红色果实，却苦于高昂的生长成本而无法尽情绽放花朵。与结果相比，生产花粉的成本并不高，因此雄株开出的花要更多。

王瓜形状奇特的种子被形容为“像螳螂脸一样”。也有人称王瓜为“玉章”，即“书信”的意思，因为它看起来像折叠的书信。不过也有说法认为，王瓜种子长得像万宝槌或大黑天[63]的脸，因此把它放在钱包里便可以招来财运。

植物结出红色果实是为了吸引鸟类。鸟儿进食时将种子连同果实整个吞下，然后这些种子会随粪便排出体外、散落远方。

不过，鸟类不会轻易吃王瓜鲜红的果实，因此秋去冬来后，王瓜的果实依旧挂在枝头。“王瓜”一词的由来有多种说法，例如，植物学家牧野富太郎曾猜测，人们认为将果实留在树上的是乌鸦[64]。王瓜果实散

---

63 大黑天（大黑様），日本神话中的七福神之一。万宝槌（打出の小槌）是日本神话传说中的魔法木槌，由大黑天持有。

64 “王瓜”在日语中与乌鸦颇有渊源。“王瓜”的日文名称为「カラスウリ」，其中「カラス」也指“乌鸦”。

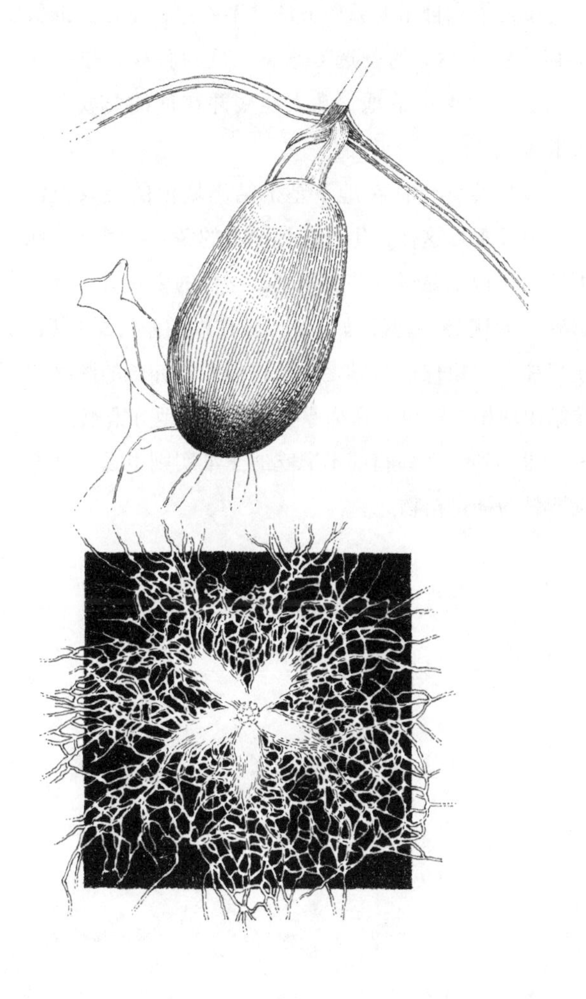

播种子的方式一直是个谜。

单纯依靠种子的繁殖方法并不稳定，王瓜还准备了其他别出心裁的备选方案。王瓜的藤蔓在夏季向上生长，秋季再下垂、钻入地底并在顶端形成一个块根。

像马铃薯一样在地下茎上结出块根的现象很常见，但像王瓜这样，生长在地面上的藤蔓特意深入地下结出块根就显得有些奇怪了。这样的生长方式其实有独特的优势。若像马铃薯一样在根的基部结块根，就只能在原植株的基础上生长；但若在伸长的藤蔓顶端结出块根，就可以在离原植株较远的地方繁殖。

想不到，连乌鸦都不愿吃的王瓜实则也是一种充满智慧的神奇植物。

日本莨菪

走野老 茄科　　　　“鬼见草”

很久很久以前，在某个地方住着一个脸上长着大瘤子的老爷爷。有一天，老爷爷在森林深处干活时突然下起了倾盆大雨，他只得逃到大树的树洞中避雨，不久后便睡着了。醒来后，老爷爷看到一群边喝酒边唱歌跳舞的鬼。

这便是大家熟知的日本民间故事《摘瘤老爷爷》中的一个桥段。这个故事的真实性存疑，但确实有一种叫作“鬼见草”的植物，据说吃了它就能看到鬼。

鬼见草是茄科植物日本莨菪的别名。日本莨菪的新芽常被误认成蕗薹，但由于其含有有毒的生物碱，因此误食会引起幻觉症状，这便是所谓的“见鬼”。在深山里看到鬼的瘤子爷爷说不定也吃了日本莨菪。

顺带一提，日本莨菪的标准日文名是「走野老」。

“野老”指的是薯蓣科植物。这种植物有很多从粗壮地下茎上长出来的须状根，看上去很像老人的胡须，因此被写作“野老”。与其相对的便是海的老人“海老”[65]。

虽然日本莨菪是茄科而非薯蓣科植物，但由于其长有与野老相似的地下茎，故名字中也带上了

65　海老（えび），即日语中“虾”的意思。

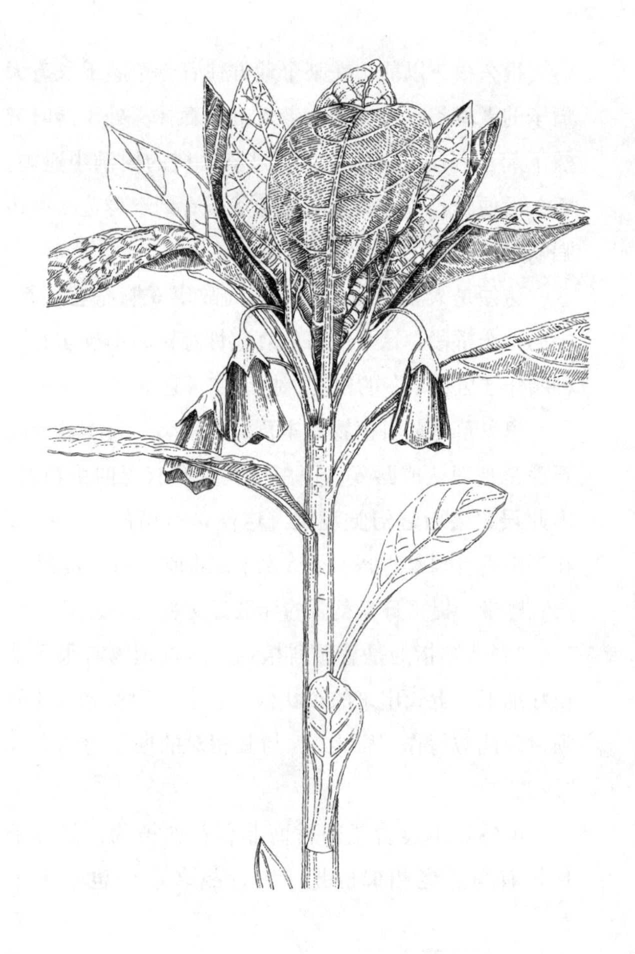

“野老”。

虽说被称为“走野老”，但实际上奔跑[66]的并非野老而是人类。据说人吃下这种与野老相似的地下茎后，会产生狂乱奔跑的中毒症状。

茄科植物为了自保多会产生有毒的化学成分，例如，茄科的洋金花就具有能引起强烈中毒症状的有毒生物碱，因此也被取了“疯茄”这样的别名。

我们熟知的农作物中有很多都是茄科植物，例如土豆、烟草、辣椒等，但它们也都或多或少带有毒性：土豆芽所含的茄碱是会引发头晕、呕吐等中毒症状的有毒物质；香烟中的尼古丁原本也是一种用于自保的毒性物质；辣椒的辣味成分辣椒素则是为了避免被昆虫和鸟类啃食而产生的防御物质。

在欧洲，有一种被称为“欧莨菪”的颠茄。日本莨菪和颠茄虽所属不同，但毒的成分完全相同，食用后产生的症状也十分类似。

颠茄被认为是魔女使用的毒草，自古就被称为“魔女草”。据说，魔女在天上翱翔的时候会在扫帚和身体上涂上由颠茄和被称为“恶魔草”的茄科毒草天仙子制成的软膏。和鬼见草一样，魔女在空中飞翔的传说也被认为是由中毒引起的幻觉。

被称为“鬼见草”的日本莨菪会在春天绽开低调

66　日语中的“走”（走る）是汉语中“跑”的意思。

的紫红色花朵，花朵从叶子旁边下垂开放的模样颇有我见犹怜之感。花期结束后，日本莨菪便会枯萎并开始夏眠。

日本莨菪和猪牙花一样，缺少在自然繁茂的夏季与其他植物竞争生存空间的能力，因此不得不在早春发芽、开花、结种，然后再在其他植物开始生长时依靠土中的根茎沉眠，是非常典型的柔弱春草。

人们惧怕日本莨菪的剧毒并称其为毒草，但实际上，正是这骇人的毒素为日本莨菪守护住了脆弱的春芽。

乌头

乌兜 毛茛科　　　　孕育丑恶的美丽花朵

容颜欠佳的女性会被称作“丑女”（ブス），但以“丑女”为语源的花朵却有艳压群芳之美。

这种语源独特的植物正是乌头。乌头的花朵就像园艺用花一样别致，怎么看也不会让人联想到“丑女”。“丑女”在日文汉字中写作“附子”，指代乌头的块根。

乌头作为一种剧毒植物而闻名。如果不小心食用的话会麻痹神经系统，从而变得颜面麻木。因误食乌头而面部痛苦扭曲的模样确实像“变丑”了一样。

乌头毒素的主要成分是乌头碱和新乌头碱等生物碱。乌头的毒性仅次于河豚的河鲀毒素，是植物界毒性最强的植物。乌头自古以来就被用于制作毒箭，在现代也有被用来谋害他人性命。但乌头的块根也作为生药发挥着镇痛、强心剂等功效。

虽然乌头对人体来说有着可怕的剧毒，但其美丽的紫色花朵对秋季山野来说却是再好不过的点缀。

乌头花形状独特。

乌头在日语中也写作“鸟兜”。鸟兜是演奏雅乐时使用的鸟帽，乌头因其花朵形似这种鸟帽而得名。

乌头的“花瓣”其实都是花萼。乌头的五片花萼各司其职，共同组成头盔的形状。为乌头传粉的是熊

蜂的同类。乌头花朵下侧的两片花萼是蜜蜂的着陆点，上侧的两片花萼一左一右，构成了通向花朵深处的通道。

最上面的头盔形花萼中隐藏着两片花瓣，也是花蜜的储存处。当熊蜂将头伸进乌头花里后，雄蕊和雌蕊正好处在便于传粉的熊蜂腹部位置。

蜂类能够识别出波长比紫色短的光。乌头花呈鲜艳的紫色，因此能够轻易被熊蜂发现。乌头花繁复的形状正是为了吸引熊蜂精心布下的诱饵。

乌头块根在现代被用作生药，在平安时代则是献给宫廷的贡品。据平安中期的法典《延喜式》第三十七卷记载，骏河国（现在的静冈县）是乌头的主要产地。

乌头根在作生药名时为“附子”（ブシ）。富士山（フジサン）的语源有各种各样的说法，其中一种说法认为富士山上长有很多乌头，因此最初被称作“附子山”（ブシの山）。此外，在阿依努语中乌头根被称为“苏尔克”（スルク）或“苏尔格”（スルグ），乌头产地“骏河国”（スルガノクニ）的名字便来源于此。至于这些说法是否真实可信，如今已经无从知晓了。

乌头的花朵至今笼罩在重重谜团之下，散发着越发迷人的妖艳气息。

草地中的野草

明亮开阔的草地上草木繁茂、鸟语花香，是孩子们喜爱的游乐场所。但是，如果放任植物自由生长，草地很快就会变得树荫蔽日、杂草丛生。花草生长的环境需要通过人类割草、烧荒来进行维持。草地中的野草就这样与人类相互依赖着共同生存。

卷丹

鬼百合 百合科　　　　“鬼”的智慧

“鬼百合”，一个听起来颇为骇人的名字。

百合花向来给人以楚楚可怜的印象，究竟是什么样的百合才会被冠以“鬼”之名呢?

虽说鬼百合样貌可爱，但过于花哨的外表总给人一种有毒的感觉。鬼百合向外翻翘的花瓣看似奇怪，实则却蕴含着大智慧。

人们常赞赏蝴蝶在花丛中的翩翩舞姿，但这种美景在植物看来却是天大的麻烦。多数昆虫在吸蜜时会在花丛中钻来钻去、沾染花粉，但蝴蝶有吸管般细长的口器，因此不用钻入花朵也可以吸取花蜜。花蜜是花朵准备给昆虫的传粉报酬，像蝴蝶这样只吸蜜不传粉的“偷蜜贼”让花朵避之不及。

但蝴蝶也有独特的优势。蝴蝶身形高大、飞行能力很强。若能将花粉沾到蝴蝶身上，便可实现量大且远距离的传粉。于是，鬼百合钻研出了在保护花蜜的同时借助蝴蝶传粉的好办法。

鬼百合勇气可嘉地选择了大型蝴蝶——凤蝶作为目标。鬼百合为了吸引凤蝶，将花朵养得硕大而显眼，以适应凤蝶的身材尺寸，再加以凤蝶喜爱的朱红色和醒目的黑色斑点。此外，鬼百合量大味甜的花蜜对凤蝶来说也是很好的诱惑。付出了成本如此高昂的代价，不甘失败的鬼百合自然也准备好了将花粉撒在凤蝶身上的妙计。

首先，鬼百合将花朵朝下开放，使凤蝶难以直接吸蜜；其次，向后翻卷的花瓣可以让雄蕊和雌蕊长时间突出，因此，来访的凤蝶会将足部搭在雄蕊和雌蕊上，一边拍打翅膀一边辛苦地吸蜜。蝴蝶的身体会在这个过程中不知不觉地沾满花粉。

鬼百合的妙招不只如此。鬼百合的雄蕊前端是T字构造，带有花粉的花药就像灵活的扫帚一样，能够无死角贴合蝴蝶的身体。鬼百合的花粉黏性也很强，再配合上雄蕊尖端的黏液，花粉能够轻易地附着在蝴蝶身上，鬼百合的花粉粘到衣服上后也很难清洗。为了让偷蜜贼凤蝶帮自己传粉，鬼百合可谓煞费苦心。

然而即便这样努力，鬼百合也无法孕育后代：作为三倍体植物[67]，即使授粉成功也无法正常产生种子。

鬼百合的原产地是中国，但中国的鬼百合是能够通过种子繁殖的二倍体植物。三倍体的鬼百合通常在叶根下长有珠芽，可珠芽并不能像种子那样能散布到远方。

实际上，除个别地区外，三倍体鬼百合广泛分布于日本各地。为什么无法孕育后代的鬼百合会蔓延得如此之广呢？

67　三倍体植物即有三组染色体的植物，这种植物因为难以进行减数分裂形成配子，故无法孕育后代。

日本从中国引进鬼百合其实是为了食用其球根。种子会摄取植物的营养从而导致球根发育不良。因此，只有适合食用的无种三倍体鬼百合传入日本并被广泛种植。现在日本漫山遍野的鬼百合花其实都是祖先种下的球根演变而来的。

明明不需要授粉，但为了生存，鬼百合花必须以艳丽的花朵来吸引蝴蝶的注意，这副努力的模样哀婉而引人垂怜。

大蓟

野蓟 菊科　　　救国英雄

美丽的花朵往往以尖刺护身，于荒野中绽放的蓟花亦是如此。据说蓟的名字来源于古日语中的「あざむ」一词，意为“扫兴”。蓟花乍看娇艳，但贸然触碰的话可能会被刺蜇伤而倍感扫兴。“蓟”，草字头下是鱼骨和刀，这也暗示了蓟带刺的模样。

蓟作为苏格兰的国花而闻名。当年苏格兰被挪威军队攻打时，夜袭的挪威士兵因踩到蓟而发出悲鸣，由此注意到敌人的苏格兰军趁机反攻并取得大胜。自那之后，挪威军队便再也没有骚扰过苏格兰。救国之花大蓟就此成为苏格兰的国花和勋章图案。这份保家卫国的凛然与坚强便是蓟的魅力所在。

蓟叶子上的尖锐绿刺本意可不是助人为乐，而是为了保护自身不受动物伤害。大蓟花也常生长在牧场这种敞亮的草地上，但肚子空空的牛马却不会被吸引，因为牲畜们深知食用大蓟叶子的沉重代价。因此，大蓟总是被孤零零地留在光秃秃的牧草地上。

尽管如此，大蓟最终还是难逃人类的“魔爪”，春天的大蓟嫩芽在人类看来是制作天妇罗和凉拌菜的优质山菜。

蓟的种类众多且难以区分。在日本，蓟有60种以上，新品种也在不断涌现。但其中只有大蓟有明显

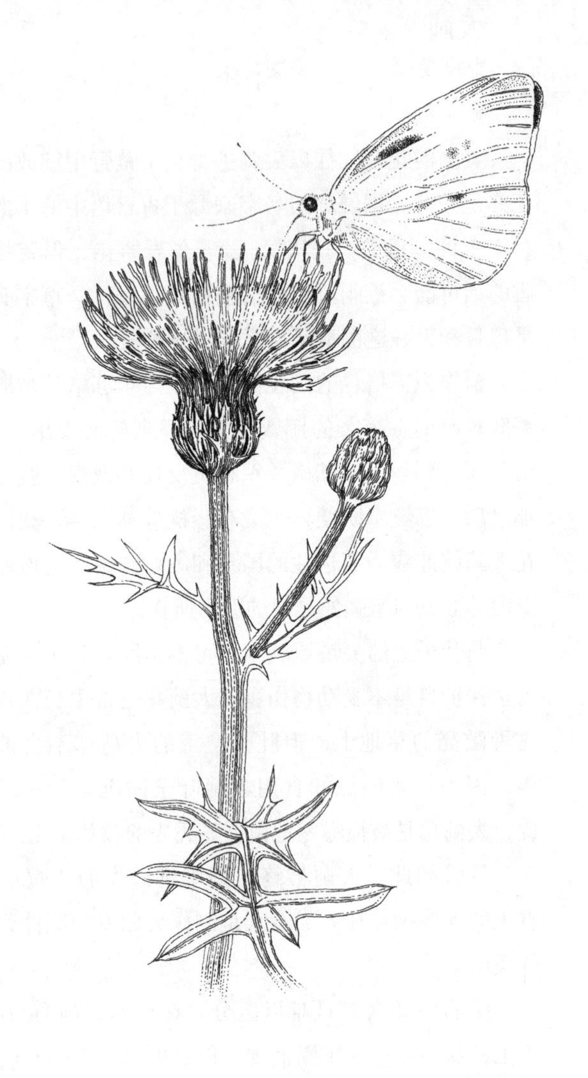

的特征，因此很容易与其他品种区分开来。

蓟类多生长于林缘阴凉处，只有大蓟生长在阳光明媚、日照充足的地方；其他蓟类植物的开花期通常从夏天持续到秋天，大蓟却在春天开花。

蓟类植物的花朵由多朵筒状小花聚集而成，对蝴蝶而言很有吸引力。只是要让足部和口器细长的蝴蝶身上沾满花粉并不是一件易事，很多植物也确实无法驾驭这种飞行能力和传粉能力优异的昆虫。但是蓟却很有办法，它从筒状花朵中突出像针一样细长的雄蕊和雌蕊，蝴蝶一旦靠近并接触到雄蕊和雌蕊的尖端，白色的花粉就会从雄蕊尖端冒出并沾到蝴蝶身上，从而实现授粉。用手指代替蝴蝶轻轻碰触蓟花便能观察到花粉喷涌而出的样子。

美丽却带刺的蓟花叫人甚是扫兴，更叫人扫兴的是，一种和大蓟一样在春天开花的植物——泥胡菜。

泥胡菜会开出和蓟很像的小花，却比蓟更加温和可人。虽然泥胡菜在日语中被称作“狐蓟”，但它却不是蓟科植物，也不带刺。这种植物的存在简直就像狐狸[68]的恶作剧一样令人扫兴至极。

68　在日本，“狐蓟”（キツネアザミ）正如其名，与狐狸有着紧密的联系。日本的一些地区流传着狐蓟是“被猎人追赶的狐狸走投无路之下化身成蓟，但在情急中忘了长出刺”的说法。

咬人荨麻

刺草 荨麻科　　　　莫烦躁

如今的社会充满压力，人们时时刻刻都处于烦躁之中。日语中的“烦躁”（イライラする）一词颇具特色，难免让人好奇这个词到底从何而来。

“烦躁”的根源是山野中常见的一种名为“咬人荨麻”（イラクサ）的植物。从名字中的「イラ」可以看出，这种植物带有刺。

咬人荨麻的茎和叶上生着细密的刺毛，因此一碰到就会刺痛难忍，这种不快感也成了“烦躁”一词的语源。

像玫瑰一样用刺来自卫的植物有很多，但荨麻的刺不仅尖锐还带有毒性，蜇入皮肤后刺会从前端脱落，像注射针一样往伤口中注入毒素，使皮肤变得红肿。

咬人荨麻的汉语名字叫作“荨麻”，“荨麻疹”便是由这种植物所引起的皮肤过敏症状。

有毒的刺毛是咬人荨麻从野生动物口中保护自己的重要利器。

在安徒生童话《野天鹅》中，公主为了解开变成天鹅的十一位哥哥所中的魔法，满手鲜血地编织了十一件荨麻上衣。在一些版本中公主用的不是荨麻而是荆棘。荆棘触摸起来确实很痛，但荨麻也有过之而

无不及，只要稍微碰一下就会出疹。编织荨麻上衣的公主可谓完成了一件了不起的壮举。

如果不是为了解除魔法，其实还有更加简单友好的衣料，那便是在英语中被称为“假荨麻”的植物。

“假荨麻”是与咬人荨麻非常相似且同属荨麻科的苎麻。苎麻不带刺，自古以来就被用来制取纤维。苎麻的使用历史非常悠久，据说在弥生时代的遗迹中就发现了用苎麻纤维编织而成的布。

将苎麻的茎蒸软后可以取制纤维，苎麻的名字便是来自“蒸茎”[69]。

苎麻又名“真麻”。据说，奈良时代的麻织物仅有二成以麻为原料，剩下八成都以苎麻编制。在当时，苎麻才是麻织物的主角，即“真正的麻”。

此外，与苎麻非常相似的植物还有大叶苎麻和赤麻，它们自古就是制作纤维的植物。

但是，自从人们开始广泛使用锦葵科的棉花后，苎麻便逐渐退出了人们的视野，从田间瑰宝沦落成了四海为家的野草。

在物资匮乏的太平洋战争时期，野生的苎麻会被供给军部；但在物资丰富的现代苎麻却已几乎被人们

69　“苎麻”的日文名称为「カラムシ」，“蒸”的日语为「蒸し」（ムシ），发音与“苎麻”相近。

所遗忘。如今的苎麻不仅失去了纤维植物的荣光，还作为花粉症的诱因而被人唾弃。对苎麻来说，面上无光、生不逢时的黑暗时代才刚刚开始。

博落回

竹似草 罂粟科　　　　运动会上的咒语

在运动会之前需要施加两个咒语。

第一个是悬挂“晴天娃娃”以祈求好天气，第二个是将博落回的草汁沾在腿肚子上。日本人自古就相信，将博落回的橘黄色草汁涂在腿上就能变成飞毛腿。

但是，博落回的草汁其实含有有毒的生物碱，因此不可在腿上有伤时涂抹。博落回的毒性很强，在过去，人们会把它放在厕所里用来杀蛆。

博落回的名字独具特色。一种说法认为，这个名字来源于“竹似草”，因为博落回与竹子外表相似；也有说法认为，将竹子和博落回放在一起煮，竹子就会变得柔软易加工，因此“博落回”其实意味着“竹煮草”[70]。

上述由来姑且不论，博落回的茎长着粗节，看上去倒确实有几分像竹子。

博落回生长在被开发过的荒地和崩坡积区等寸草不生的地方。最初生长在未开化地区的植物被称为先锋植物，博落回就是其中一员。

70　“竹似草”“竹煮草”在日文中念作「たけにぐさ」，与“博落回”的日文名称「タケニグサ」（たけにぐさ）发音相同。

在荒芜地落下种子并率先生长的先锋植物大多是小型植物，但博落回却不一样。博落回的种子春天发芽后成长速度极快，到了夏天便会长到令人“望尘莫及”的两米。

快速生长的秘诀在于像竹子一样中空的茎，这样的结构可以节约更多能量来加速茎的伸长。中空构造的缺点在于易折断，但茎上的结节可以起到加固作用。

即便如此，小小一粒种子能在几个月内就长到两米之高，实在是快得有些惊人。

到了夏天，博落回的茎尖会开出许多小白花。秋天花期结束后，茎的前端悬挂起扁平的小果实，在风中摇曳着发出“沙沙”的声音，听起来就像有人在低语，博落回也因此获得了一个雅致的别称——“低语草”。博落回和秋风到底在低语些什么呢？

博落回的小种子中有被称为弹性体的果冻状物质，其成分为糖分和脂肪酸，营养丰富，是博落回为蚂蚁准备的食物。

博落回为什么要替蚂蚁准备食物呢？

蚂蚁为了食用油质体会把博落回的种子运回远方的巢穴。但蚂蚁窝通常在很深的地底，被带过去的种子真的能发芽吗？

其实，蚂蚁进食完后，会将无法食用的种子扔到巢穴外面。博落回的种子便是借此散播到四处的。

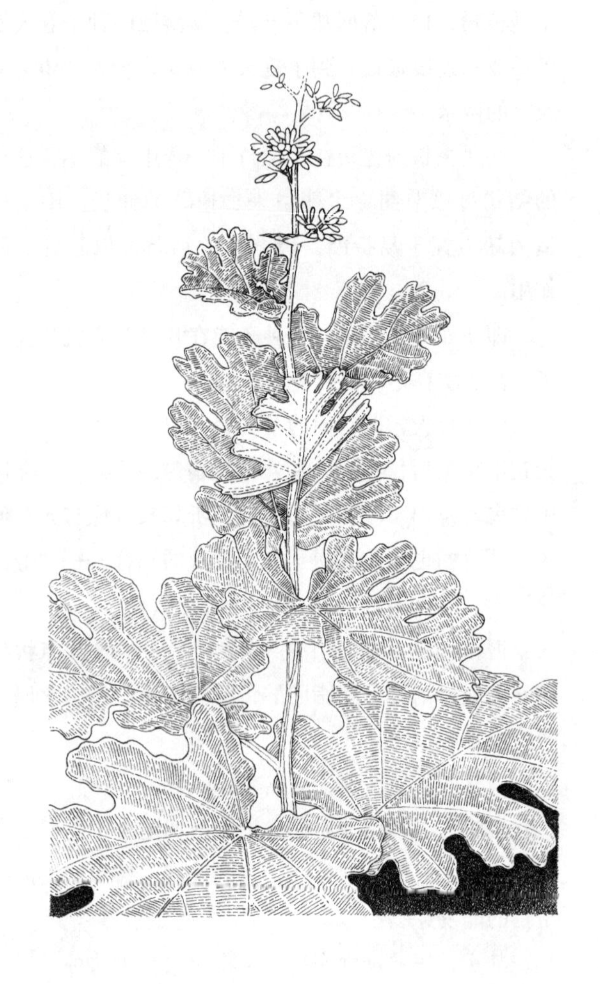

和博落回一样，堇菜科植物与猪牙花、宝盖草、常春藤婆婆纳和异果黄堇等很多植物都能借由蚂蚁播种。鸟语花香的乡村原野风景，正是由小蚂蚁不经意间创造出的奇迹。

虎杖

虎杖 蓼科　　　　在全世界“大显身手”

俗称“酸模”的植物有两种：一种是蓼科的酸模，另一种是同属蓼科的虎杖。

酸模和虎杖的外表大不相同，但茎都带有酸味，在过去是受孩子们喜爱的零食。这种酸味源自草酸。

酸模的名字来源于“酸叶”，虎杖的名字则源自“祛痛”[71]。这是因为，据说将虎杖的嫩叶揉搓后贴在伤口上，可以起到止血止痛的效果。在平安初期编纂的《本草和名》[72]中，虎杖就已被以今天的名字相称了。

虎杖生长于荒野，成长速度极快。快速生长的秘诀就藏在虎杖又轻又结实的茎中。这种竹子一样的带节中空结构茎就像前文介绍过的博落回一样。

这种轻便耐用的茎常被人们用作拐杖，加之茎上的虎斑花纹，“虎杖”一名便诞生了。

虎杖茎部中空的结构不仅为人类提供了便利，对动物来说也十分实用。每逢秋天，米铁杉蛾的幼虫[73]

71　“虎杖”的日文名称为「イタドリ」，也可以写作「痛み取り」，意即“祛痛”。

72　《本草和名》（本草和名/ほんぞうわみょう），成书于918年，为现知日本最早的本草学著作。

73　原文为「コメツガという蛾の幼虫」，即“名为コメツガ的蛾子幼虫”。「コメツガ」即米铁杉，一种松科铁杉属植物，学名Tsuga diversifolia，故此处将蛾子的名字翻译为“米铁杉蛾”。

和蚁科动物都会在虎杖的茎中筑巢过冬。

虎杖因其极易成活的特性而被引入欧洲，发挥着防治土壤侵蚀、家畜饲料等多种作用。然而，在以英国为首的欧洲各国，肆意蔓延的虎杖已然呈现失控态势：虎杖用其强韧的地下茎拱破石墙和混凝土、压弯电车轨道、破坏堤坝，来势凶猛而不可阻挡。

说起外来植物，人们会想起从海外侵入日本的加拿大一枝黄花和凤眼兰等。或许是出于岛国根性[74]的偏见，总感觉从欧美来的植物都比孱弱的本土植物要强壮百倍。

但实际上，本土植物也并不全部弱小，也有像虎杖一样在海外“大显身手”的存在。除虎杖之外，野葛、忍冬、合欢等也是入侵至海外的问题植物。

在国际交流日益频繁的当下，很多植物奔走于世界各地，但能够适应不同环境、成功在异国他乡站稳脚跟的其实很少，只有足够顽强的植物才能在新天地存活下来。

对虎杖等强韧有余的植物来说，欧洲简直就是没有病菌和害虫的天堂，是能够让它们滋润生长的崭新摇篮。

但植物毕竟不是运动员，在海外活跃也并非都是好事。如果自然生物都被随意迁出原生栖息地，自然

---

74 岛国根性（島国根性），指在岛国居住的人们因为很少与他国交流，从而呈现出视野狭窄而封闭的特性。

界的平衡很有可能会被打破。话虽如此，也不该责怪被人为带到异国他乡的虎杖，它只是被迫在新环境中尽力谋生罢了。

虎杖本是祛除病痛的良药，现在却将人类折磨得痛不欲生。造成这一切的人类才最应该反躬自省。

桔梗

桔梗 桔梗科　　　被剥夺的季节感

“胡枝子、芒、葛这些花，石竹、黄花龙芽，尚有华泽兰、牵牛花。”

山上忆良的著名和歌《秋之七草》（收录于《万叶集》）中的“牵牛花”并非指现在的牵牛花。牵牛花在平安时代由中国传入，《万叶集》时代的日本尚无这种花朵。

《万叶集》中还有这样一首歌：“牵牛开，朝露奇葩；夕阳残照里，花开更见佳。”这首歌中的牵牛花于傍晚时分绽放，与现在的牵牛花亦有不同。

那秋之七草中的“牵牛花”到底是什么植物呢？究竟是打碗花、木槿，还是桔梗呢？解答这个问题的蛛丝马迹就隐藏在历史中。890年左右的汉和古辞典《新撰字镜》[75]中将“桔梗”记述为“阿佐加保”[76]，如此看来桔梗的可能性是最高的。

在日本，包括桔梗在内的秋之七草常生长于郊野的原生草地中。近年来，随着园艺种的栽培，桔梗也成了庭院和花店里的常客。日本人总是急于享受当下

75　平安时代的日本僧侣昌住用汉语著作的一部字书，同时是现存最早的汉和字典。

76　“阿佐加保”的日语为「あさがお」，与《万叶集》中对桔梗的称呼「朝顔」（あさがお）发音相同。

时节，因此会有意将园艺种催熟，使其在初夏开花。随着园艺种的普及桔梗花已不再稀奇，但由于原生草地的减少，野生桔梗花却在不断消失、面临灭绝。再这样下去，桔梗作为“秋之七草”的尊严只怕会被剥夺殆尽。

在平安时代初期的本草书《本草和名》中，桔梗被称作“阿利乃比布岐”，这个名字有“蚂蚁喷火”的含义。桔梗花的紫色来源于花青素，而花青素具有遇酸变红的特性。若将桔梗花瓣放入蚁巢让蚂蚁啃咬，被咬过的地方就会因蚁酸而变红，看上去就像是蚂蚁在喷火一样。这命名方法如此巧妙，令人不得不感叹古人对植物细致入微的观察。

秋日枯野中，桔梗花高雅的紫色却不甚明显。

在前文提到的“秋之七草”中，胡枝子、葛、石竹和华泽兰的花朵也均为紫色。

花蜂类动物喜爱紫色花朵。正如介绍紫云英时所说的那样，聪明的花蜂是传粉昆虫中性能最为优秀的。所以即使花朵是复杂的筒状结构，花蜂也能钻进花筒深处取得花蜜。

然而，桔梗花瓣看起来却是门户大开。难道它就没有别的妙招了吗?

答案是否定的，桔梗花自有办法。仔细观察桔梗花的深处，会看到雄蕊聚集在一起组成穹顶的形状，花蜜就隐藏在这穹顶下。昆虫若想吸蜜就必须推开这

面穹顶进入花朵更深处。

想不到，桔梗花在风姿绰约的紫色外衣之下竟还隐藏着如此独特的生存之道。

长萼瞿麦

河原抚子 石竹科　　　　大和抚子今何在

《源氏物语》中有一种谜团重重的植物——“常夏”。

这种神秘的植物究竟是木槿花、叶子花，还是椰子果或椰子树呢?

令人意外的是，“常夏”的真实身份其实是瞿麦。这种植物的花期很长，从夏天一直持续到秋天，尤其常在盛夏开放，因此被平安时代的人们取名“常夏”。

另一方面，瞿麦在日文汉字中写作“抚子”。这个名字来源于“抚摸孩子”，因为瞿麦小巧灵动的花朵在人们看来就像小婴儿一样惹人疼爱。

《源氏物语》的作者紫式部的竞争对手——清少纳言曾在《枕草子》第六十四段中写道:“草花是，瞿麦，中国的石竹更不必说了，就是日本的瞿麦，也是很好的。”

平安时代的瞿麦分为中国种和日本原生种。平安时代传到日本的“唐抚子”指的是石竹，这种植物因生于岩石、茎具节、叶片似竹而得名。

为与中国种进行区分，日本原生种瞿麦便被冠以“大和抚子”之名。中国种瞿麦只在春天开放一次，日本种则因花期长的特性而被称为“常夏”。

日本种瞿麦在植物图鉴中的正式名称是“长萼瞿麦”。长萼瞿麦多生长在河滩上，但在森林外的草地和田地周围的堤坝上也常能看到。听起来似乎比比皆是，但这些地方有一个共同点——都是日照良好的开阔草地。长萼瞿麦喜光，自然无法生长在高大植物的树影中。

河滩周边不稳定的土壤环境不适宜大型植物生长；森林周围的草地与堤坝等地都会定期割草，也无法长出大型植物。这些保持了良好日照环境的地方便成了长萼瞿麦的理想家园。

山上忆良笔下著名的秋之七草中也有一种“抚子花”。“春之七草”生长在田地周围，而“秋之七草”则生长在草地上。草野美景对古人来说是再熟悉不过的了。

但由于人类的持续开发，草地正在逐渐向耕地和林地变更。这导致草地面积从明治时代以来急剧减少。

而且，现在早已不是茅茨土阶、刍秣兴旺的时代了。仅剩不多的草地也因无人割采而变成了大型植物的繁茂地。瞿麦的生存之地大大减少了。

更糟的是，被瞿麦视作家园的河滩也毁于人类的河流工程。现在，长萼瞿麦的数量大幅减少，到了濒临灭绝的地步。

拥有高雅清秀之美的日本女性被称为“大和抚

子”。就像瞿麦一样，日本女性柔情的外表之下也隐藏着强韧的内心。但是不知为何，总感觉随着瞿麦的减少，美丽的大和抚子也从这个世上悄然消逝了。

地榆

吾亦红 蔷薇科　　　　寂寥秋景

秋风吹拂着地榆的花朵。

地榆的花朵并不雍容华贵，甚至有些朴素，但却是秋天最好的点缀。这种耐人寻味的独特魅力令日本人为之倾倒。

地榆花穗的颜色复杂多样，与常见颜色略有不同：红色要更加黯淡，紫色也并非寻常紫色。除此之外，红茶色、红黑色、深红色、紫红色等各种颜色应有尽有。

据说，地榆会“吟诵”诗句“吾身亦染红”，因此“地榆”在日文汉字中多写作“吾亦红”。拘谨的地榆花存在感却十分强烈，在秋天的原野中格外惹眼。

地榆花低调却不失素雅的姿态正符合日本的审美意趣，因此古人也少不了用它吟诗作赋。

地榆的另一个别名唤作“吾木香”。“木香”即云木香，是一种菊科植物，可用来制作线香。地榆的味道虽称不上芳香，但却有几分似木香，于是便成了“吾国的木香”。虽然说法众多，但地榆名字的准确由来至今仍未有定论。

地榆虽然是蔷薇科植物，但却与一般印象中的蔷薇似像非像。地榆的椭圆形花朵是由无数小花聚集而

成的，这些小花没有花瓣，取而代之的是四片颜色鲜艳的花萼。

低调的地榆是依靠昆虫传粉的虫媒花。正如桔梗一章中所述，秋天的野花大多盛开紫色的花朵以吸引蜜蜂，地榆也不例外。外表虽看不出来，但地榆也和其他花朵一样，为吸引昆虫而默默奋斗着。

地榆虽受到日本人的喜爱，但却意外地并未被山上忆良选为秋之七草。

本着“花朵的美丽不只局限于秋之七草”的原则，东京日日新闻社（后被大阪每日新闻社兼并）在昭和十年（1935年）委托各界名士评选“新秋之七草”。最终，苋、彼岸花、长鬃蓼、菊花、紫茉莉、秋海棠、波斯菊七种花成功入选。地榆再次遗憾落选，难道真的是外表过于质朴的原因吗？

幸而，淡雅又耐人寻味的地榆正符合日本茶道所追求的闲寂幽雅之感，是品茗会上常见的茶花。

地榆和桔梗、长萼瞿麦一样，适宜生长在日照充足的草地上。只可惜随着近年来割草作业的荒废，地榆的身影也在不断消失。

但是，在茶园周边仍能见到地榆的身影。冬天的茶园为了在垄间铺草会割掉周围的杂草，这便给地榆塑造了良好的生存环境。茶叶的生产反过来造就了茶花遍野的胜景，这是何等美事啊！

锐齿马兰

嫁菜 菊科　　　　像新娘一样美丽

日本马桑、卫矛、西南卫矛、簇花茶藨子等有毒植物有一个共同的骇人别称——“杀妻”。

在过去的日本农村，女人要进行严酷的劳动，还要被迫吃残羹剩饭。一些难以忍受饥饿之苦的女人因不幸吃下有毒的果实而丧命，这种果实就是所谓的“杀妻”。鸟吃下植物的果实和种子后会将种子和粪便一起排出体外，广泛散布。有些果实为了从动物口中保护自己，会产生有毒成分。这种毒素对鸟儿来说无效，也不妨碍它们若无其事地大快朵颐，但对人类来说却足以危及生命。

此外，也有被称作“妻泣”的植物，如，辽宁侧金盏花、菊咲一轮草、难波津、粗毛瓢箪木[77]等。这些花的盛开宣告着冬去春来，同时提醒农村妇女，繁重的农活又要开始了。难怪这些植物会“令妻子哭泣”。

锐齿马兰是盛开于秋天原野的一种野菊，因为模样像新娘一样温婉美丽而得别名“嫁菜”。锐齿马兰

77　菊咲一轮草、难波津、粗毛瓢箪木的日文名称为「キクザキイチリンソウ」、「ナニワズ」、「アラゲヒョウタンボク」，这三种植物主要生长在日本，暂无明确中文译名，故此处采用其和名「菊咲一輪草」、「難波津」、「粗毛瓢箪木」的直译。

有着诱人的香味，能够食用，煮进米里便能做出美味的“嫁菜饭”。也有一种说法是，华美动人的新娘在野外摘下初春的嫩芽，她们摘的菜便成了“嫁菜”。不管怎么说，与“杀妻”和“妻泣”相比，“嫁菜”这个名字要动听多了。

与“嫁菜”相对应的是生长于山野中的“婿菜”——东风菜。婿菜也是一种能够食用的野菜，其嫩苗会在春天散发出独特的香味。虽然很在意嫁菜和婿菜究竟哪个更加可口，不过今时不同往日，在男女平等的现代，再将各具特色的两种野菜放在一起比较就不太合适了。

《万叶集》中将嫁菜称作“荠蒿”，这名字源自嫁菜的嫩芽。自古以来，嫁菜的嫩芽就被人们所喜爱。嫁菜一到秋天便会开出清秀的淡紫色花朵，但漂亮小花可比不过嫩芽在人们心中的地位。看来，古人们也崇尚舍名求实。

嫁菜通常被视作野菊，同样被看作野菊的还有野绀菊、柚香菊、东风菜等。但世界上其实并不存在名为“野菊”的植物。

美丽的野菊花让人不仅想起伊藤左千夫的小说《野菊之墓》。这个故事中有一个名场面，即主人公“我”对民子的告白。

“我本来就很喜欢野菊……民子小姐就像野菊一样。”

那么,《野菊之墓》中出现的野菊到底是何种植物呢？植物学家们曾对此进行考究并最终得出结论，这个美妙场景中出现的野菊正是嫁菜。

小说中是这样描写“我”发现野菊的场面的：

“道路的正中虽然很干，但被露水浸透的两侧田地中却盛开着各式各样的野花……野菊也在其中，摇摇晃晃地开着。”

很明显,《野菊之墓》中的野菊生长在田地周围潮湿的地方，而嫁菜正巧符合这个条件。顺带提一下，在《野菊之墓》的舞台——江户川矢切渡口附近出场的大概是分布在关东地区的品种“关东嫁菜”。

不幸的是，关东嫁菜虽与嫁菜相似，却不可食用。不过这倒也足矣，毕竟在感人的爱情故事中，“花朵”总是比“团子”要更加合适[78]。

---

78 该句来源于日本谚语「团子より花」，意为比起华而不实的花朵，还是能饱腹的团子更好。作者在这里将花朵与团子反过来使用，以突出美丽花朵在爱情中的象征意义。

芒草

薄 禾本科　　　　比稻草更珍贵

说到赏月就不得不提芒草。在中秋月圆之夜，人们用托盘盛上芋头和赏月团子并供奉芒草，以感谢神明赐予的秋收。

从前，芒草在四季农事中有着独特的含义。小正月时，人们会在田间插入芒草供奉，也会在往田中灌水的水口祭[79]和首次插秧时装饰芒草。

芒草曾经是稻米丰收的象征。据说，“芒草”这个名字源于“快速生长的树”[80]。人们还将芒草的穗比作稻穗以祈求五谷丰登。

芒草锋利的叶子给人一种能够驱散恶鬼的感觉，因此在一些国家，芒草最初是作避邪之用的。用芒草装饰田地的习俗传到日本后被与水稻耕作的仪式联系在了一起。

芒叶确实锐利。如果用放大镜仔细观察，会发现芒叶上有像锯齿一样排列着的玻璃状的刺，难怪人们在碰触芒叶时很容易被割伤。生活中常见的透明玻璃是由硅酸制成的，芒草和其他禾本科植物能够从土壤

79　水口祭（みなくちまつり），日本农业祭祀仪式的一种，也称“苗代祭”，流传于东日本一带。具体内容为在苗圃的入水口插时令花卉和树枝，并向稻田之神供奉烧过的稻米。

80　“芒草”的日文名称为「ススキ」（すすき），与“快速生长的树”的日文「すくすく育つき」相近。

中吸收硅酸，并将硅酸积蓄在体内来保护自己免受食草动物的侵害，这便是芒草叶尖茎坚的原因。在过去，坚硬的芒茎也被用来铺设屋顶。我们熟知的“茅草屋顶”其实指的就是芒草铺成的房顶。没有芒草的人家只能使用稻草，但芒草屋顶的使用寿命要比稻草屋顶长出三倍。稻米是日本重要的农作物，而芒草只是一种野生植物，但铺设屋顶时的芒草可是要比稻草珍贵百倍。

虽然用草铺屋顶听起来很随便，但茅草屋顶在隔热、保湿、通风和吸音等方面都优于现代建筑材料。但茅草毕竟是植物，可能会出现虫蛀、发霉和腐烂等问题，好在过去的房屋通常配有壁炉，可以点火。茅草屋顶被木柴烧火产生的烟熏烤，能够防止昆虫附着在芒茎上，导致腐烂，从而延长屋顶的使用寿命。

日本贫瘠的酸性土壤源自火山灰，而正是这种土壤孕育出了芒草草甸。日本人充分利用芒草来建造屋顶、喂养牲畜和堆肥，因此有不少人工种植的芒草地。

各个村庄都曾拥有一片被称作“茅场”的芒草地，人们通过秋季割草和早春烧草来维持芒草的生长。芒草是禾本科植物，分生区低且地下茎也能生长，所以即使地上部分被烧毁也能存活。人们便根据这种特性在防止灌木和藤蔓植物入侵的同时，维持着草地的生长。

在金秋时节芒草被采割后，空地上便会长出桔梗和石竹等草花。繁花锦簇的秋季芒草田构成了日本独特而亮丽的原生风景线。

根据统计数据，明治十七年（1884年）日本全国草地总面积约为1200万公顷，如今日本的水田面积却只有约25万公顷，这一对比足以看出旧时的草地面积有多庞大。日本国土也曾被大片草原覆盖过。

然而，芒草逐渐失去了人们的青睐，茅场的状况也已不可同日而语。芒草在荒凉的茅场中肆意生长，抢占了桔梗和石竹等野花的生存空间。最终，随着藤蔓和灌木的侵入，曾经美丽的茅场彻底沦为荒野。现如今，已经很难找到一片适宜赏月的芒草地了。

虽然旧时草屋已不在，但微风吹拂下，银色草穗散发出的点点光芒的景象却依旧如画卷一般美丽。多希望这种摄人心魄的乡野景观能够流传后世、造福子孙啊！

野菰

南蛮烟管 列当科　　　　热烈的单相思

“道旁芒下相思草；今更为谁，相思尚未了。”

这首选自《万叶集》的和歌意为：“就像路边阴影中的相思草一样，若我一心思念你，又有什么可迷茫的呢。”这里被唤作“相思草”的植物便是如今的野菰。

一直以来，野菰因其低垂呈沉思状的花朵而被人们浪漫地称作“相思草”。在和歌的世界里，野菰象征着“隐忍的爱”。

野菰在江户时代被称为“南蛮烟管”（ナンバンギセル），因为其花朵的形状与南蛮传入的烟管形状相似。或许在当时的人们看来，比起“相思草”，充满异域风情的“南蛮烟管”更令人耳目一新。然而，现代日本人已几乎不再使用“南蛮”（ナンバン）和“烟管”（キセル）两个词语。“南蛮烟管”失去了原有的诙谐，而“相思草”却还是浪漫如初。

与相思草一同出现于《万叶集》中的“芒”指的是芒草。

野菰低垂着淡粉色的“脸颊”静静地依偎在芒草根部，那模样像极了无法传达爱恋的单相思者。

野菰的形状奇特到让人很难相信它是一种植物。野菰没有叶子，只有花朵长在细长的茎上。而且，这看似茎的部分实则是一条细长的花梗。换句话说，野

菰没有茎和叶，只有从地里长出来的花。其实，野菰是有茎和叶的，只不过茎很短，叶也只有几片退化到地面以下的叶子。到了秋天，只有花朵会破土而出向上生长。

野菰之所以形状奇特，是因为它是一种生长在芒草上的寄生植物。野菰的寄生根系延伸到芒草根部，依靠芒草提供的养分生存，因此需要与芒草“紧紧依偎”。看似动人的“隐忍之爱”，实则只是单纯的寄生关系罢了。

野菰只靠芒草滋养，本身并不进行光合作用。这样的寄生生活远没有看起来轻松。

如若没有芒草，野菰只靠一己之力是很难生存的。野菰的花会结出大量种子，这些种子细小、呈粉状，能够随风飞走。如此大量生产是因为野菰种子的存活概率极低，只有平安到达芒草根部的“幸运儿”才能存活下来。如果芒草枯死，那么相伴已久的野菰也将消逝。

正如本节开头所引《万叶集》的歌句所述，野菰曾是路边常见的植物。在过去的日本，人们为了制作茅草屋顶和喂养牲畜一直保留着大片芒草地。现如今，芒草地越来越少，野菰也随之变得稀有。

依偎在芒草根部的野菰或许正在默默思考，待芒草彻底消失后自己又将何去何从呢?

拉拉藤

八重葎 茜科　　　　不靠自己也能成功

“层层叠叠八重葎，繁茂满屋宇。冷冷清清人何在，寂寞秋又来。”（惠庆法师）

《百人一首》第四十七首中的“八重葎”并非现在植物图鉴中的八重葎，而是葎草。八重葎又名拉拉藤，是一种春夏生长、秋天枯萎的植物。另一方面，葎草的生长期要更长，从夏天到秋天一直覆盖在房屋上生生不息，就像诗歌中所吟诵的那样。因此，人们普遍认为《百人一首》中的“八重葎”是指葎草。

尽管拉拉藤（ヤエムグラ）和葎草（カナムグラ）的日语名称很相近，但二者却是完全不同的植物：前者是茜科植物，后者则属于桑科[81]，和啤酒中的苦味来源——啤酒花是亲缘植物。这两种植物名字中共同的「ムグラ」在日文汉字中写作「葎」，与中文汉字中的“葎”相同，指繁茂生长的杂草。

拉拉藤茂盛的样子就像背负着层层重担一样，因此被人们称作“八重葎”。拉拉藤还有一个别名叫“勋章草”。拉拉藤的茎和叶子朝下生长且带有小刺，很容易粘在衣服上，因此孩子们会将其贴在身上当勋章玩。

81　现多认为葎草属于大麻科而非桑科，葎草的亲缘植物啤酒花亦属于大麻科。

拉拉藤的茎又细又软、难以直立，只能利用小刺攀附在其他植物上生长。

要想让茎自发地直立起来，就必须尽可能让它变得粗壮。而拉拉藤却选择另辟蹊径，将本应分给茎的养分用来加快自身生长。长得高的植物能够充分沐浴在阳光下进行光合作用，这么看来，拉拉藤依附其他高个儿植物的策略着实巧妙。

拉拉藤生长速度极快，遥遥领先于其他野花。当没有植物可以倚靠时，拉拉藤就会形成相互缠绕的灌木丛，那副模样确实和“八重葎”这个名字很相配。

进一步发展这种生存战略的是藤蔓植物。藤蔓植物同样不能自发直立，必须通过攀附其他植物来节省养分，从而加快自身成长。

《百人一首》中吟诵的葎草正是藤蔓植物，难怪其生长速度快到能覆盖废屋。有的藤蔓植物能像牵牛花一样将茎缠绕在支柱上，也有的像黄瓜和葡萄一样用卷须缠绕支柱。葎草和牵牛花一样，茎向右旋转着卷曲，同时借助茎上向下生长的刺紧紧缠绕住其他植物。这样一来，灌木丛很快就被舒展枝叶的葎草所充斥。

葎草坚韧的茎缠绕在一起的样子就像铁丝一样，因此也被称为“铁葎”。葎草强韧的茎就算用镰刀也很难割断，如果不幸被其缠住，即使戴着手套也无法挣脱，简直就像带刺铁丝一样难缠。

虽然《百人一首》中的诗句颇具情调，但若真让葎草闯进自家庭院，那就远非风雅之事了，因为一场像落入铁丝网一样“缠绵”又恼人的“除草大战”恐怕在所难免。

后记

在翻看旧相册时，笔者发现了自己小时候蹲在紫云英花田里拍的照片。

笔者的老家虽然位于住宅区，但周围却保有大片田地。在数十载过后的今天，老家周边的田地已经被众多道路和建筑物所占据。说来确实，莲华田在以前的春天随处可见，但现在已经很难看到了。

“春天的小河哗啦啦，

岸边的堇菜和莲华花。

姿态温婉、色泽柔美，

于窃窃私语中开花。”

（《春天的小河》高野辰之作词，冈野贞一作曲，1947年改订版）

默默消失的不只是故乡的植物。

故乡的人们总是被大自然所眷顾着，不论是摘下野花编织花环的少女，还是用草穗钓龙虾和青蛙的少年。在我们的故乡，自然活动与人类生活共同编织出了独特的风光。

“追捕野兔的那座山岗，

钓小鲫鱼的那条溪流。

至今依旧魂牵梦萦，

忘不掉的故土风景。”

（《故乡》高野辰之作词，冈野贞一作曲，1914年）

歌曲中的日本风光现在又在何处呢？不知从什么时候

起，田地和小河被土填埋，乡野变成了混凝土的城市。故乡只剩下了失去利用价值而惨遭遗弃的田地和后山。日本人总觉得，拥有无上美景的心灵故乡就藏在这个国家的某处，但现在怕是再也找不到了。不知为何，如今的生活总是给人以这样的感觉。

有些东西一旦失去就再也回不来了。

山和河流所经历的改造都是不可逆的。灭绝的植物已永远从地球上消失。即便拥有再尖端的科学技术，人类也无法靠自己的力量制作出一片真正的叶子。而且，与植物一起生存的技巧和智慧也会伴随植物一同消失，再也无法挽回。

即使没有故乡的风景，生活依旧多姿多彩……确实，现代或许就是这样的时代。然而，物质丰富的现代生活是经历了漫长岁月才换来的，是以生物活动积累得到的石油等化石燃料为基础的。试想若化石燃料消失后会发生什么呢？汽油、煤油等燃料自不必说，就连电器、衣服和塑料产品也会不复存在，到那时，我们现代人又该如何生存下去呢？

这样想来，从前的人们穿的、用的物品都是以植物为材料制成的，这一点越想越觉得了不起。毕竟植物资源和化石燃料不同，只需要太阳、水和土的恩惠便能一直存在下去。与植物共存时代的人们或许比现代人更充满生存智慧也说不定。

最重要的是，我们心灵的依靠会不会也随故乡的风景一同逝去呢？人们会不会就此失去对自身的认同感呢？又会不会进一步失去作为人类的生活方式呢？

有些东西一旦失去就再也回不来了……如果这本描写故土植物的书能够成为现代人重新审视自身不断失去之物的契机，笔者将感到无上喜悦。只愿本书不会成为故乡风景的安魂曲。

谨在此向致力于编辑本书日本版的北村正昭与地人书馆的永山幸男表示感激。另外，也对为本书贡献了精美插图的三上修深表感谢。

2010年3月

稻垣荣洋

文库版后记

2013年5月，静冈“茶草场农业法”被联合国粮食及农业组织认定为全球农业文化遗产。

在产茶名地静冈，为了生产出高品质茶叶，人们会在冬季将山草割下来铺在茶园里。割草的地方被称作“茶草场”。

日本民间故事《桃太郎》中就有老爷爷上山割草的情节。在过去，人们经常进山从事割草与砍柴等工作。虽然这样的场景在现代很少见到，但茶园周围仍维持着这些传统劳作。乍一看，割草似乎是在破坏自然，但若完全置之不理，灌木丛就会肆意疯长从而挡住野草们赖以生存的阳光；相反，适度的干预可以创造一片鸟语花香的阳光草地。这种传统的割草作业保护了茶园周围的自然环境。

“通过适当的农业活动，不仅栽培了优质的茶叶，还保护了丰富的生物多样性。农业的生产性和生物的多样性在这片区域得以共存。”

这是“静冈茶草场”被评为全球农业文化遗产的最重要原因。

“静冈茶草场”的申遗是以笔者与静冈县农林技术研究所和农业环境技术研究所一同进行的学术性调查为基础推进的。通过这项调查我们得以确认，在茶草场中生存着超过3000种的植物，其中不乏珍贵品种。

实际上，笔者此次调查研究的成果已在本书的地榆一节中部分呈现给了各位读者。但是，在本书单行本出版的

2010年，笔者尚未意识到茶草场的潜在价值。笔者出生成长于茶田遍野的静冈县，对于茶草场的价值难免有些当局者迷。但是，在与国外研究人员交换信息的过程中，笔者逐渐对“静冈茶草场”产生了更加深入的认识并提出为其申请全球农业文化遗产。

“价值斐然之物并不在远方，而是在我们的脚下。”

在“静冈茶草场”申遗成功后，笔者重新产生了这样的感想。

本书的文库版由筑摩文库出版，是笔者继《身边杂草的愉快生存法》(身近な雑草の愉快な生きかた)、《原来如此！身边蔬菜的观察记》(身近な野菜のなるほど観察録)、《就在身边的昆虫》(身近な虫たちの華麗な生きかた)之后的作品。

杂草和蔬菜的生存方式完全不同，但它们都经历了人类的培育。

蔬菜是经过人类驯化和培育的植物，具有非常明显的相关特征；独立生长的杂草虽然看似与人类无关，但却也在不经意间适应了人类的生活与除草作业。

本书所介绍的花花草草虽是野生植物，但却一直生活在人类居住区和人工开垦出的山林中。对人类而言，不论是生长在这些地方的野草、蔬菜和野花，还是与这些植物共生的昆虫，都是与生活息息相关的“近身之物”。然而，正是在这些熟悉到不能再熟悉的生物活动中，才能发现自然的奥妙和生命的伟大。

“价值斐然之物并不在远方，而是在我们的脚下。”

希望在阅读完笔者的拙作后，各位读者能够对此感同身受。

最后，在此感谢筑摩书房的镰田理惠女士对本书文库本的出版所给予的莫大帮助。

2013年冬

稻垣荣洋

小开本 CπQST N
轻松读轻文库

产品经理：靳佳奇
视觉统筹：马仕睿 @typo_d
印制统筹：赵路江
美术编辑：程　阁
版权统筹：李晓苏
营销统筹：好同学

豆瓣 / 微博 / 小红书 / 公众号
搜索「轻读文库」

mail@qingduwenku.com